# 建 筑 美 术

傅东黎 著

ZHEJIANG UNIVERSITY PRESS
浙江大学出版社

**图书在版编目（CIP）数据**

建筑美术 / 傅东黎著. — 杭州 ： 浙江大学出版社，
2019.5（2024.1重印）
ISBN 978-7-308-18730-5

Ⅰ．①建… Ⅱ．①傅… Ⅲ．①建筑艺术 Ⅳ．
①TU-8

中国版本图书馆CIP数据核字(2018)第248250号

## 建筑美术

傅东黎　著

| | |
|---|---|
| **责任编辑** | 王元新 |
| **责任校对** | 董凌芳 |
| **装帧设计** | 林智广告 |
| **出版发行** | 浙江大学出版社 |
| | （杭州市天目山路148号　　邮政编码　310007） |
| | （网址：http://www.zjupress.com） |
| **排　　版** | 杭州林智广告有限公司 |
| **印　　刷** | 浙江省邮电印刷股份有限公司 |
| **开　　本** | 889mm×1194mm　1/16 |
| **印　　张** | 10.25 |
| **字　　数** | 165千 |
| **版 印 次** | 2019年5月第1版　2024年1月第2次印刷 |
| **书　　号** | ISBN 978-7-308-18730-5 |
| **定　　价** | 68.00元 |

在信息化技术迅速发展的今天，电脑已经成为我们生活、学习和工作的一部分。如今电子科技高度发达，但电子产品也会受各方面因素的制约，比如电脑，会出现无电源、电脑故障和运用软件不熟练等情况。如果工作中需要现场与客户商讨，必须用笔表达设计思想时，你会不会束手无策呢？因此到目前为止，电脑依然无法替代手绘表现设计方案的灵便度和准确性。对于建筑设计及其相关行业的从业人员来讲，徒手表现设计思想非常重要。如果在校期间学会一些绘画基础，在建筑美术方面强化训练后提高审美和技艺，那么对完成设计作业和将来做设计项目都会十分有益。因为建筑表达是建筑设计师最初设计灵感的来源，画面中记录了当初设计的要件，尽管这些手绘并非精准，但是表达的瞬间与设计灵感和思想关联，画面中时刻留下各种设计思路与变异过程，因此建筑手绘不仅仅带来快捷的设计方案，同时直接为设计师捕捉建筑的视觉形象和设计效果，此时的设计与手绘互为相左。建筑手绘体现出两大优势：第一，具有表现建筑各个功能和系统的科学性；第二，极具视觉形象的直观性和艺术性。图1是世界著名建筑大师默菲·约翰的手绘效果图，是他用钢笔、马克笔和彩色铅笔绘制的平立面和效果图，简洁明了地表达了当时设计索尼中心大厦的设计思路。建筑的外观造型、区域空间、功能等诸多设计要素应有尽有。在建筑设计师中有许多手绘高手。作为建筑系学生、未来的建筑设计师，在学习建筑设计阶段，应当重视美术与设计的关系，提高审美意识和艺术修养，力求建筑美术与设计相得益彰。

建筑美术从素描到色彩，从铅笔、钢笔发展到马克笔和电脑制图等表现工具，丰富了建筑美术的表现效果。特别是快节奏的生活方式促进了建筑手绘工具的发展，所以学生应掌握多种手绘技法，拓展自己的眼界，并在表达的形式感上，寻找最理想的个性语言，以表达独具匠心的设计形象。

本书共分九章，介绍了建筑美术综合性技法，涉及建筑素描、速写、色彩、快题和设计作业等范畴，综合"脑眼手"的"治理"，加强建筑艺术表现的能力。全书结合中西传统和现代建筑造型语言，运用了各种手绘的表现技法，对建筑、环艺、园林、景观等相关专业学生及从业人员具有较强的针对性和指导意义。

　　建筑设计图并非一般的绘画，它关系到建筑结构、造型和功能，还关联该设计风格的艺术表达，只有设计内容与表现形式高度统一才能发挥它的价值。如果手绘只是完成建筑结构和功能，画得像解剖似的机械制图，画面会显得刻板僵硬，缺少视觉美感。国内学习建筑设计的大部分学生来自综合性大学理工科专业，其中不乏理性多于感性的学生。考虑到目前的学生背景，如何激发这些学生的所长、弥补形象思维的不足呢？本书在进行理性分析的同时加强了感性认识。造型和塑造能力薄弱的同学，必须从构图、用笔用色、整体感觉到画面艺术加工，循序渐进、踏踏实实地学习。为了方便大家学习，本书用简约的文字配上形象的画面，提供作画的步骤和过程解析，便于读者理解、临摹和自学。通过学习进一步掌握建筑结构、空间、材料的艺术表现方法。在教材中还设置建筑手绘与设计作业的环节，植入不同表现工具和形式的案例，解析容易出现的问题，彰显不同的个性和艺术处理。希望这些手绘和设计作业能对大家有所启发，提高学习的兴趣和成绩。如果大家通过《建筑美术》的学习，享受到建筑手绘跃上纸面时那种成功的喜悦，这是我乐见的画面。

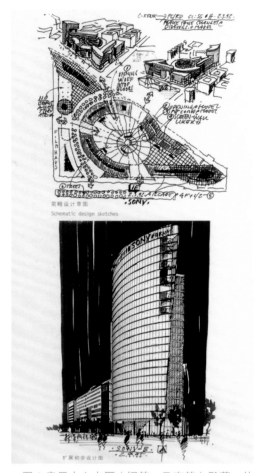

■ 图 1 索尼中心大厦（钢笔、马克笔）默菲·约翰 2000 年

　　本书是作者多年从事建筑美术教学实战中的一些经验总结，其中许多内容来自给学生上课的课件。在 20 多年的教学过程中，每每看到一届一届的毕业生考研、留学或走向工作岗位，笔者感慨万千，特别是每年很多同学被哈佛大学、米兰理工大学、代尔夫特理工大学、伦敦大学等国际著名建筑院校录取，走向国际建筑的设计舞台，感到十分欣慰。本书中选用其中部分同学在校期间的美术与设计作业，千里之行，始于足下。希望通过本书，能对校内外正在学习建筑、环艺、园林、景观设计的朋友们有所帮助。感谢浙江大学和建工学院学术委员会的教授们对我的信任和重托，感谢建筑系主任吴越教授的鼓励和支持，正因你们为本书的出版付出辛苦的工作才有今天著作的呈现。感谢浙江大学建筑系认真好学的同学们，每学期选课系统爆棚的学习热情是我上好课的动力！感谢家人长期以来的支持！最终读者掌握《建筑美术》中的内容是对我最大的鼓励和安慰！

目　录
Contents

II

# Contents

Contents

· 第一章 ·
# 建筑美术基础 ◀

-------------------------- ◀ 第一节　手绘初步 ▶ --------------------------

　　对于建筑美术来讲，看和画是设计师和画家的基本功。静物素描是入门的第一步，从单色石膏几何体训练到线条、色调、空间和质感。通过基础素描学习，培养整体的观察方法、立体的表现技巧和艺术处理的个性，掌握手绘的造型和塑造能力，解决肉眼观察与手绘控制的协调统一。在基础素描的学习过程中，要克服不合理的观念和"任性"的步骤。通过循序渐进地学习，建立基本的作画步骤，逐步提高静物素描的难度，打下建筑手绘的"童子功"。

　　对于专业的建筑设计师来讲，掌握基础素描是建筑手绘的基本功，其核心是造型和塑造能力。在画室里，通过静物石膏几何体写生，训练物体的比例、透视和立体空间。手绘水平从画面线条和色调不难看出孰高孰低。透过习作可以看到手绘存在的问题——究竟是什么影响了画面的效果。

　　从专业和系统的角度看，整体观察和概括更重要，因为整体观察贯穿画前到结束的绘画过程，然而初学者往往难以做到。一旦离开了整体，画面效果便会不理想。

　　何谓整体观察？整体观察就是对物象的结构特征、形体比例、透视方向、空间距离等做出全面观察。落实到具体时需要左右、上下、前后各方面兼顾，不要有像写汉字那样由上到下、由左至右的惯性，应观察相互之间的关系，有重点、有节奏地比较其差异。初学者没有较强的造型基础，在打形过程中容易出现比例和透视不准确等问题，因此需要掌握整体观察的方法，不能凭兴趣"任性"地画。应等到掌握整体和概括的方法，再结合建筑外在的造型打好内在结构的形体，养成整体观察和表现的习惯。

　　对于建筑、环艺、园林、景观等相关设计专业的学生来讲，铅笔、针管笔、钢笔、马克笔、彩色铅笔（也称彩铅）是常见的手绘工具。尤其建筑风景写生，如表现中西建筑、民居、街景、现代建筑、建筑配景等环节时，这些绘画工具比较符合建筑手绘的要求。对刚进大学的理科生来讲，在素描阶段如何切入建筑钢笔画技法的学习，抓住合理的时机很重要。切入太早不利于钢笔画的造型，更加不利于建筑空间的塑造。我建议安排在基础素描的后程——石膏几何体、静物、铅笔风景素描之后。届时除每周美术课的写生之外，课余再安排一些示范作品临摹和建筑钢笔画竞赛，相信经过一段时间的练习，学生的建筑钢笔画可以达到令人满意的效果。

## 一　画具

俗话说：巧妇难为无米之炊。市面上绘画的工具很多，那建筑手绘常用的画具中哪些比较好呢？这是大家普遍关心的问题。建筑手绘的画具简单分为笔和纸两大类，其中笔的种类较多，有基础造型勾线条用的钢笔（见图1-1）、针管笔（见图1-2）等，还有上色用的马克笔、彩色铅笔等。首先我们来了解各种钢笔的特点，钢笔有美工钢笔、普通钢笔、特细钢笔和财会钢笔等。这些钢笔笔尖的造型、尺寸有些差别，画出来的线条迥异。经过训练，我们不仅可以掌握用笔用线的规律，还可以巧妙地利用这些笔法画出不同的线条来处理建筑结构和空间。比如，掌握了美工钢笔执笔的角度和力度的变化，就可以表现建筑不同空间的艺术效果——受光处用笔尖的前端或反面轻轻地画出细线，背光处用笔尖后面部分加重力度，使用"着地面"大的笔尖转弯处画粗线条，这样用同一支钢笔的不同笔尖位置就能表现立体空间。针管笔和普通钢笔虽然笔尖没有变化，但是，通过组织线条的疏密也可以强调建筑结构的主次以及明暗的空间变化。

■ 图 1-1　西式建筑（钢笔）傅东黎 2014 年

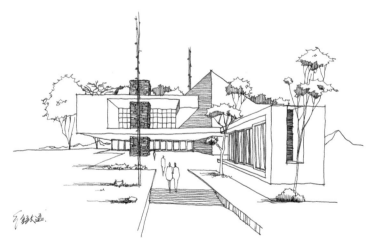

■ 图 1-2　现代建筑（针管笔）徐致远（一年级）2016 年

### （一）笔

建筑手绘用笔常见的有钢笔、针管笔（0.05～0.8mm）、毛笔、马克笔（见图1-3和图1-4）和彩色铅笔等。手绘常用的钢笔品种日趋多样化，市面上有各种品牌的美工钢笔，挑选时以笔尖既能够画出最粗线条又可以流畅画出最细线条的为好。美工钢笔需要保养。由于墨水的残留物非常容易堵住笔尖，

■ 图1-3　复旦大学法学院教学楼（钢笔、马克笔）傅东黎 2015 年

■ 图1-4　园林景观（钢笔、马克笔）傅东黎 2016 年

需时常用开水清洗。如果出水不畅，就应拔出笔头，用牙刷清洗笔头和笔舌，保持画面上的线条畅通。毛笔的种类比较多，有水彩笔、尼龙笔、狼毫的叶筋笔和大兰竹。马克笔分油性和水性两种，初学者没有必要固定画一种。马克笔的品牌众多，价格各不同，以 90 至 180 色建筑、环艺、园林套装为宜。彩铅也有普通的和可溶性的两种。可溶性彩铅的技法与水彩类似，均以水作为媒介，湿画法表现出烂漫的效果；画面未必都用湿画法，干画法可以表现粗糙的画面肌理（见图1-5）。

　　（二）纸

　　手绘用纸一般为150克左右的铜版纸、白卡纸、复印纸和硫酸纸，素描纸也可以用，以及上述纸质的速写本，其中用钢笔和马克笔表现时一般不用很薄的纸。钢笔淡彩和钢笔水墨最好用水彩纸，而用专业水彩纸表现水墨和水彩时晕染效果比较明显。

### （三）其他

例如，尺规、卡片、胶带纸、黑墨水、水容器皿、钢笔淡彩时用的宽口有盖的瓶子、白笔、修正液、水粉白颜料（修改局部错误时使用）。

## 二 形象思维

在国内，建筑系大部分设置在综合性和理工科类大学里，美术院校设有建筑系是近十多年的事。建筑专业的同学中理科生偏多，然而绘画是视觉艺术范畴的活动，作者的视觉感受和想象力直接关系到画面形象是否生动。对此，初学者在学习建筑手绘阶段，不只是简单地通过绘画提高手绘技艺，相比之下形象思维的培养显得格外重要。在初学阶段适当安排形象思维的课程大有益处。比如用"文字接龙"的方式，借用相关的图像语言和功能，用简笔画出相关联的物体，如长方形的物体有电视机、空调、冰箱等家用电器，圆形结构的物体有盘子、脸盆、饼等。通过其外形和功能等扩散性形象思维的训练，唤醒学生的感性认识，让他们在学习和生活中习惯于用图形语言等形象思维，关注周边的视觉形象；通过速写本记录和默写，锻炼他们的形象思维，提高手绘表达能力（见图1-6）。

## 三 空间尺度与感觉

空间尺度对新生而言比较陌生，然而，对于将来从事建筑、规划、环艺和景观设计的学生来讲至关重要，如果你是刚刚入学的

■ 图1-5 笔（摄影）

■ 图1-6 解构重组（铅笔）沈雨嫣（一年级）2018年

新生，无法感觉到10cm、10m²的空间尺度是可以原谅的。但是，经过学习建筑美术和设计之后，务必建立空间尺度的概念，并且确切感受到不同尺度的空间存在，体会该尺度的优劣，并将这些经验带入设计和表达中去（见图1-7）。

绘画的感觉主要来自视觉感官对物像的直接感受和体验，比如质感的软硬、形体的纤细与厚重、建筑材料的粗糙与光洁等。建筑手绘是理性与感性"联盟"的结果，建筑结构的形体、色彩、体量、质感都可以通过视觉感受和手绘技能达到画面应有的艺术效果。比如，建筑宏伟的体量感觉可以运用仰视或俯视的技术，增加建筑的三维空间，用丰富的色调层次加强高度、广度和深度的立体感。在建筑手绘学习过程中，视觉感受是充满智慧的训练。好的感觉不仅能丰富画面的结构内容，还能提升画面的品质，既能学得轻松又能提高很快（见图1-8）。

建筑手绘只有脑、眼、手齐头并进，发挥大脑的形象思维和眼睛敏锐的感觉，才能"心灵手巧"地画出动人的手绘作品。就像乐感好的音乐家凭借音符与画面联想能够演绎出完美的音乐作品一样。

■ 图1-7 空间尺度（木炭）傅东黎 2019年

■ 图 1-8　校园建筑空间联想（铅笔）潘丙皓（一年级）2017 年

### 一　基础线条

进行线条的基础训练是非常重要的。手绘首先需要练习画基础线，刚开始不需要画造型和结构，应先熟悉运笔的不同手感，训练用笔的力度和角度与线条的关系；应先掌握美工钢笔、针管笔执笔的角度和力度，待可以画出不同感觉的线条语言之后再训练造型。只有这样，初学者的脑、眼、手才能得到综合练习。随着主动性与积极性被调动起来，画面的视觉效果和艺术处理才会妙笔生花（见图1-9至图1-11）。

■ 图1-9　武林广场（钢笔）傅东黎 1997 年

■ 图1-10　白堤（美工钢笔）傅东黎 1997 年

■ 图1-11　浙江大学综合楼（钢笔）傅东黎 1993 年

■ 图 1-12　基础线条训练之二（针管笔）孙源（二年级）2016 年

■ 图 1-13　线条组织之一（针管笔）吴炎阳（二年级）2016 年

■ 图 1-14　线条组织之二（针管笔）刘飞（研究生）2012 年

■ 图 1-15 线条组织之三（针管笔、马克笔）傅东黎 2016 年

## 二 线条的组织

从 H 到 B 软硬的铅笔可画出浓淡度不同的黑白灰调子。针管笔和钢笔则不同，画出的浓淡线条不像铅笔靠软硬度变化，面中浓淡不同的色调完全靠线条的组织和排列（见图 1-12 至图 1-14）。如果是亮色调，组织线条要疏朗，线条与白纸之间以白为主；相反，如果是黑色调，留白要少。组织线条的排列是钢笔画的关键。线条组织越密，画面的色调越浓。常见的线条组织有两种：第一种是平行线，组织线条的方向有同向的平行线、垂直线和斜线；第二种是交叉线，如水平和垂直的十字线、米字线和乱头线（见图 1-15）。

## 三 线条的情感

视觉形象具有一定的情感作用，点、线、面是视觉形象的基本元素。线条是最常见的表现手段，但是线条留在画面上的笔触一定是有情感的，线条画得平静还是粗狂给人的感受是不一样的。因此在画线条的时候，注意力要放在运笔的力度和角度上，尤其在落笔和收笔的变化上面。

初学者经过一段时间的学习，开始逐渐强调线条的变化，让线条的出现在不同的画面上具有特定的感情因素——粗狂、隽永、慵懒、典雅、潇洒和平静。

新买的钢笔、针管笔直接造型还是有些困难。不妨从画毫米线条开始，在练习无造型线条的时候，主要是熟悉各种新笔的过程，线条以横向、纵向、斜向以及曲线的毫米线排列，平行的线条力求均匀和细密，重点放在控制感觉上。之后训练简单的结构，比如各种几何体块、植物等造型。几何体块

■图1-16　线条组织之四（美工钢笔、马克笔）傅东黎2016年

的结构比较方正，用笔体现线条的挺直、有力的视觉感受；绿植的线条有所不同，树的枝干挺直有力、叶子柔软，用缠绕的曲线表现连绵起伏的树叶。

钢笔手绘的基础大部分由线条完成各种结构和造型，线条的形象语言和感觉比较直接，初学者应尽早熟悉和掌握各种线条的用笔方法，在提高造型能力的同时完善线条的艺术表现力，既会画平静、温和的线条，又会画粗犷、奔放的线条。学生应掌握多种表现语言以备不同风格之需。

图1-12至图1-14用粗细均匀的线条表现建筑结构和空间造型。其线条在表现建筑立面的不同结构空间时，线条的力度和运笔并没有太多的变化，只是用相似的线条语言组织疏密有致的形体结构，使画面呈现出空间立体的效果。图1-10与图1-11则正好相反，美工钢笔的线条不仅在用笔的力度上，而且在运笔的始末，落笔和收笔也加强了变化，用松弛的线条表现建筑特有的厚重感。如果增加两三支灰色的马克笔绘制单色的建筑效果图可以赋予画面久远的历史感(见图1-16)。这种建筑手绘借助黑白灰对比，采用明度的节奏感表现画面的立体空间。与铅笔和钢笔素描相比，马克笔更具速度和设计感。尽管马克笔是硬笔，执笔比毛笔容易，但要熟练掌握马克笔的运笔也并非易事。第一，马克笔以线面结合见长，表现结构时长短线条尽可能一次到位，完成主体结构之后，线条及时作虚处理；第二，强调马克笔快速排线的味道，用笔力求简洁明快、长短和深浅交错，简洁的黑白灰色块表现建筑的立体空间。

---------------- ◀ 第三节　**建筑透视与画面布局** ▶ ----------------

 　空间透视

建筑手绘面对的是建筑环境的结构和空间表现，从建筑的体量、材质到空间距离都需要艺术处理。首先要学习和掌握透视的基本规律。初学者在建筑写生过程中，画面容易出现透视问题，建筑东倒西

歪显得比较"软"。在建筑手绘中必须增强建筑透视的基本功训练，必须掌握平行透视、成角透视和三点透视的基本规律。

## （一）平行透视

平行透视，也叫一点透视，特点是一个立方体三组平行线中，有一组交于一点。如图1-17所示，表现建筑和环境的空间、体量时，建筑檐屋与画面平行，建筑的左右立面墙体以及门窗与视平线交于一点，通过左右墙体立面的虚实感表现建筑空间的透视效果（见图1-18）。

■ 图1-17　教学楼　摄影

■ 图1-18　中式庭院（钢笔、马克笔）傅东黎 2016年

（二）成角透视

图 1-19 为成角透视，也叫两点透视，在建筑图中较为常见。成角透视的特点是：两组平行线的透视消失在左右两边。建筑的 45° 角的地方，是最佳表现建筑的立体空间的位置。特别是在上午的九、十点钟或下午的三四点钟，光线从侧面打过来，两面有明暗变化，其中一面处在背光的暗部，为立体空间表现提供了必要的色彩对比（见图 1-20）。

视平线

■ 图 1-19　教学楼　摄影

■ 图 1-20　画室（木炭）沈毅林（二年级）2018 年

## （三）三点透视

画鸟瞰图时不难发现，除了左右两侧透视外，还有一组向上或向下的透视。这种透视独具空间的视觉效果，其通过大尺度的视角表现宏伟的建筑或宽广深远的建筑群，具有气势感（见图1-21和图1-22）。

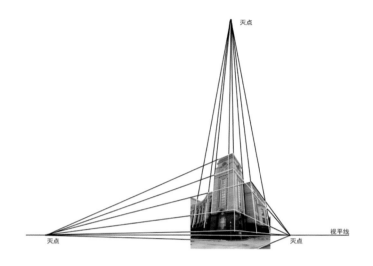

■ 图1-21　教学楼 摄影

■ 图1-22　西式建筑局部（针管笔、马克笔）傅东黎 2014 年

（四）写生透视

　　为了表现的需要，在建筑写生时，用整体和立体的观察方法了解建筑的透视类别，明确属于上述三种透视中哪一种，然后把建筑的外轮廓与墙体立面包括门窗的透视统一起来。初学者不容易做到这一点，往往前后写生的透视不一致，造成画面中建筑东倒西歪。对此在画面里外、左右或上下找到透视的灭点，将建筑所有的结构分别与透视灭点相连，并且画出透视关系。写生过程不必画出每一条透线，只要掌握透视规律，不至于画得太离谱就可以，不然建筑写生时难免出现透视错误（见图1-23和图1-24）。

■图1-23　玉泉校区（钢笔）傅东黎1996年

■图1-24　午后（铅笔）傅东黎2014年

画面构成关系到主客体在画面中的关系是否合理，关系到画面的结构品质好坏，它是一张建筑画的"硬件"，必须引起足够的重视。

画前的整体布局俗称构图，构图的形式感直接关系到画面的视觉形象、意境传递和作者的个性。构图的形式语言多种多样，其中常见的有水平形、三角形（△）、圆形（○）、迂回形（S），各自有独特的视觉效果。比如，水平形具有宁静、宽广的视觉感（见图1-25和图1-27）。迂回形具有逶迤、伸展的视觉感（见图1-28）。正三角形具有稳定、崇高、伟岸的视觉感（见图1-29至图1-31），倒三角形具有动荡、不安、下陷的视觉感。圆形具有集中、厚重的视觉感（见图1-32和图1-33）。

两种单体构图结合称为复合体构图，它在恢弘画面中表现主体和客体的层次以及画面的结构。好的构图提升画面的主题和空间效果，失败的构图导致画面零乱和琐碎。初学者需要理解构图的形式感与画面主题的关系，充分调动主观意志，组织和梳理画面各种结构之间的关系，运用大小、粗细、明暗、强弱、曲直等视觉对比的手段，做到主次有序、形象丰富和节奏变化明显。通过构图环节达到画面结构有较好的骨架，展现自己独特的审美情趣和视觉感受，确保后续工作顺利进行。

构图训练需要长期的积累，所以平时无论画什么都应该想到这个问题，眼里始终保持有个取框景。现在手机拍照功能非常强大，随时都可以通过上下左右移动手机来拍摄，尽可能让画面构图完整，逐步提高构图能力。

■ 图1-25 岸边
（钢笔、马克笔）
傅东黎 2015 年

■ 图 1-26 荷塘（铅笔）傅东黎 2018 年

■ 图 1-27 欧式建筑（针管笔）傅东黎 2013 年

■ 图 1-28　码头（钢笔、炭笔）傅东黎 1985 年

■ 图 1-29　瑶家（钢笔）傅东黎 1986 年

■ 图 1-30　日本建筑（铅笔）傅东黎 1996 年

■ 图 1-31　园林（钢笔淡彩）傅东黎 2004 年

■ 图 1-32　伊曼组尔二世走廊（钢笔、马克笔）傅东黎 2014 年

图 1-33
空间透视（水彩）
学生作业 2018 年

· 第二章 ·

# 建筑风景写生 ◀

---------------------------------- ◀ **第一节　钢笔速写** ▶ ----------------------------------

速写能力反映了建筑设计师的造型水平。钢笔线条是最常见的速写表现形式。设计师常常通过它记录设计灵感、修改设计方案和表达设计思想。

钢笔速写是通过概括的手法传达看和画的内容。它不同于素描技法，省去包括光影、空间和材质等细节，用1/3素描或更短的时间完成。因此，必须学会寥寥数笔抓住建筑的造型特征。表现过程除了眼快和手快之外，还要保持一定的兴奋度和紧迫感。

画好钢笔速写，能培养我们观察和表现的灵敏度。初学者的速写往往结构画得面面俱到，线条又缺少速写的韵味，生怕线条放开画了抓不准建筑的造型，为此不能顾此失彼，需要两方面同时训练。

## 一　概　括

### （一）几何形概括

建筑造型千差万别，如何着手画呢？先在白纸上规划所要表现空间的整体结构，然后将所有入画的内容概括成平面的几何形。观察建筑和环境的外轮廓呈现哪种几何形，是球形加长方形还是别的图形，确定画面上几何形位置后，再深入建筑屋顶和墙体等结构的几何形概括，建筑局部和环境由各种大小几何体组合而成，有些几何形比较明显，有些残缺或不规则。在速写的第一阶段无须看建筑复杂的造型，这个阶段最忌讳画局部和细节。因为基本形态还没有确定时，过早进入局部容易失去整体，即"捡了芝麻丢了西瓜"。

对初学者而言，重难点在于观察与表现的节奏感。起初能把握六七成准确度即可，只要方法正确，经过一段时间钢笔速写的训练，把握形体的能力就会逐步提高。如图2-1所示，画面的基本结构是三角形，建筑结构由左中右三块几何形组成。首先把中间玻璃幕墙概括成长方形，再用几何形连接左右两旁的地面，用简洁的钢笔线条呈现建筑的基本框架。

### （二）记忆与默写

默写是速写训练的一个重点环节。速写能力一方面源自素描的造型功夫，另一方面来自视觉捕捉后的记忆能力。比如，素描无法画好球赛之类的速写。因为球赛中运动员投球和扣杀动作转瞬即逝，仅有素描功夫难以胜任。速写则不同，虽然寥寥数笔的速写线条，但是它对画家眼睛捕捉形体的能力要求很高，既要有较强的概括能力，又要有超强的视觉记忆和默写能力。课堂上可以采用视物五分钟的方法，经过观察转化成形象记忆后将它默写出来。刚开始完成记忆的准确度不会太高，坚持训练，记忆和默写的能力会逐步提高，也就不用看一眼画一笔了（见图2-2至图2-4）。

■ 图2-1　概括基本型（美工钢笔）傅东黎 2005 年

■ 图2-2　记忆与默写（美工钢笔、马克笔）傅东黎 2005 年

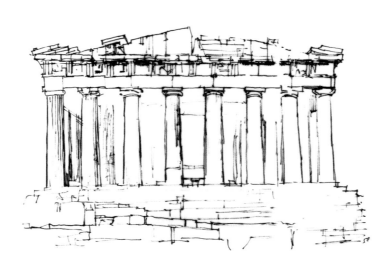

■ 图2-3　希腊建筑（针管笔）
傅东黎 2014 年

■ 图 2-4　桥上（铅笔）傅东黎 2014 年

## 二　执笔和手感

执笔的角度和力度会影响线条的效果。钢笔速写不同于书写，既依靠指力又要腕力，长线还要前臂的力量。速写线条的好与坏，从表面上看只是线条是否正确、合理的问题，实际上也影响了结构的强弱、空间的虚实变化。

美工钢笔最大的特色就是一支笔只要改变笔尖角度就可以画粗细不同的线条。如果角度控制不好，就不能发挥其特殊的优势。执笔角度的训练关键在于手腕、手指与画面的角度变化。一开始会不适应，初学者可以尝试各种执笔的角度训练线条，不画任何结构，纯粹画线条。经过一段时间练习，掌握美工钢笔线条的变化规律之后再画建筑局部的结构，如建筑局部和植物；用化整为零的办法循序渐进，先画建筑的"零部件"再进行"组装"。

无论是美工钢笔还是针管笔，运笔过程除了手指力量变化外，更重要的在于用手腕控制角度和力度的变化。初学者应当多多训练钢笔速写，以提升速写能力和表现艺术个性的空间。

下面介绍建筑钢笔速写常用的执笔方法：一是软着陆，美工钢笔在画面上轻轻落地，随后慢慢加重运笔的力度，钢笔线条由细变粗。二是重落笔，利用美工钢笔笔尖宽的部分，用力下笔，轻轻地收笔，由粗变细的长线条给人以奔放的感觉（见图2-5）。

■ 图2-5　速写（美工钢笔）傅东黎2005年

■ 图2-6　线条的角度和力度之一（美工钢笔）傅东黎1997年

美工钢笔的笔尖由左右两片组成，同样的笔尖部位、不同的力度画出的线条差异很大，不同的笔尖部位画出的线条变化更大。美工钢笔不像普通钢笔，它对力度的要求有很多，这是笔尖的特殊性所决定的。在画建筑主要结构和暗部时用力大一点，增大笔尖"着地"的面积；在画小结构和受光处时，用笔的力度正好相反，运笔注意收力（见图2-6和图2-7）。

■ 图 2-7　线条的角度和力度之二（美工钢笔）傅东黎 1986 年

　　速写首先考虑建筑与空间的结构和造型，建筑体量与周围环境的关系，包括环境与人物的比例关系等；其次考虑线条的粗细和疏密，表现结构的主次和空间的先后关系。前后重叠的结构，先画前面的再画后面的，这样建筑结构不会出现空间错误。

### 三　线条的韵味

　　世界著名画家的作品我们一眼就能辨认是伦布朗的还是凡·高的，原因之一是他们组织线条、色调以及运笔技巧辨识度高，笔触的形式语言与追求画面的意境高度统一，画面的原创性非常明显。其中，线条韵味是重要的一个因素。这对建筑手绘来说也同样重要，钢笔速写的笔触贯穿运笔的开始、发展和结束，笔触丰富的变化是画家追求个性、风格的重要手段。落笔和收笔的轻重，这些力度差异源于作者内在对建筑结构的理解和画面的视觉感受。线与线叠加的层次、方向，线条的长短、粗细极具个性。因此，我们在学习建筑钢笔速写时，应当多注意运笔手法和线条语言的个性（见图 2-8 至图 2-11）。

■ 图 2-8　线条练习（钢笔、马克笔）
傅东黎 2005 年

■ 图 2-9　线条的韵味之一（美工钢笔、马克笔）傅东黎 2005 年

■ 图 2-10　线条的韵味之二（美工钢笔、马克笔）傅东黎 2015 年

■ 图 2-11　线条的韵味之三（美工钢笔、马克笔）傅东黎 2015 年

### 一　建筑的透视与空间

素描与速写的区别不只是形式和速度概念上的，两者表现的要求也各不相同。素描表现建筑诸多方面的内容，比如建筑的结构、比例、透视、色彩、环境和材质等。素描相对速写而言画的时间比较充足，开始到结束是由感性到理性的过程。建筑素描的主题是建筑，表现的重点是建筑结构的透视和空间。建筑结构由屋顶、墙体、门窗和周围的环境等组成，初学者往往难以捕捉建筑的形体结构以及彼此的比例关系。其主要原因是缺乏整体观察的能力，看东西比较局部，任由兴趣点开始，或者按照写汉字由上至下和从左到右的惯性。如果按照局部方法作画，很容易陷入比例失衡和透视不准的泥潭（见图2-12）。

■ 图2-12　线条的角度和力度之一（美工钢笔）傅东黎 2005 年

建筑素描首先应建立整体的观念，从建筑的大结构到小结构、从比例到透视，必须先定位后打形，逐步建立主体建筑的基本框架，次要和从属的结构放在后面画，甚至作虚化处理或不画。透视比例基本准确了再进行建筑空间和细节的刻画（见图2-13）。

空间是什么？是建筑的三维立体的视觉形象，是在二维的纸面上表现三维的艺

■ 图2-13　调子与空间（铅笔）傅东黎 2005 年

术效果，是经过作者主观感受后再进行艺术加工的结果。画面所呈现的立体空间并非只是客观存在的真实，而是艺术的真实。初学者在空间表现时，过于依赖客观的自然现象，往往是依样画葫芦，失去了表现空间的使命，把客观的真实和艺术的真实混为一谈（见图2-14）。

■ 图 2-14　空间的虚实（铅笔）傅东黎 2005 年　　　　■ 图 2-15　山间（铅笔）傅东黎 2013 年

　　空间表现通常使用主次虚实处理的办法，首先区分画面中建筑主体与客体的位置，划分前后、左右的空间次序，设计第一空间和次要空间的明暗色调和对比节奏，强调建筑主要空间的表现力度，塑造该结构的层次、质感和细节。不仅如此，还要虚化次要空间的结构，做到虚、实两面抓，表现建筑鲜明的空间效果（见图 2-15）。

## 二　素描调子

　　经过几何体和静物的基础素描训练，已建立正确的观察方法，掌握多调子的立体表现方法，再用钢笔和针管笔表现建筑素描，建筑物像几何体一样，呈现受光、侧光和背光三大面。如图 2-16 所示是铅笔素描，其用不同明暗层次的调子表现空间，并借助光影来表现素描丰富的空间感。图 2-18 用0.05～0.3mm 针管笔组织疏密不同层次的线条表现建筑空间。美工钢笔画调子略显粗，组织调子相对针管笔少且难，较细的针管笔组织多调子线条更有利于深入表现空间结构。最初画建筑钢笔画，需要克服不能修改的心理障碍，无论铅笔还是钢笔，眼下的造型基础是一样的，只是步骤和技法需要调整。打形阶段，一般不用或少用辅助线，尽可能眼走在笔前。初学者不妨先用针管笔轻轻地用点的定位方

■ 图 2-16 西式建筑（铅笔）陶一帆（一年级）2016 年

■ 图 2-17 线条与结构（钢笔）傅东黎 2014 年

■ 图2-18　城墙（针管笔）傅东黎 2016 年

■ 图2-19　西式建筑（针管笔）傅东黎 2014 年

法打形和布局，完成建筑的主体结构之后再将点连成线，避免钢笔线条的差错。如果画错，不要急急忙忙重复修改，应找到正确的位置后再画上线条，明显的错误待结束后用修正液和刀刮等办法进行修补。

图2-19是钢笔素描，其以慢写的形式，通过针管笔组织疏密的线条，逐步形成不同层次的色调，表现主体建筑的造型和细节。

图2-20是一副手套，是日常所见的两只不同质感的手套。钢笔素描训练的重点是刻画毛线和皮革的质感，皮革的光感较毛线手套的强，素描调子的层次比较丰富，针管笔线条表现较平整。毛线质感柔软，组织较多短小的曲线，形体转折处组织线条疏密变化，

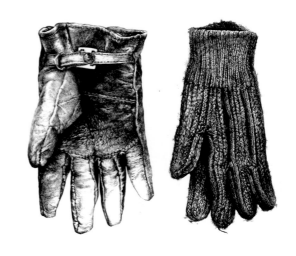

■ 图2-20　一双手套（针管笔）傅东黎 1997 年

表现毛线手套的厚度。静物素描是锻炼塑造能力较好的手段。我们应选择适合自己喜欢的静物和难度，注意整体的效果，不要完全以瓢画葫。

钢笔静物写生是加强钢笔塑造能力行之有效的办法。针管笔比较容易介入造型和塑造，写生或进行照片处理时，首先理清光源与空间的关系，明暗色调的层次通过主观处理，强化视觉形象的特征（见图2-21）。塑造能力不是一天功夫就能见效的，首先需要耐心，刻画细节特征时从结构入手，再夸张明暗层次感。比如皮革和毛线的针迹，塑造时要善于捕捉毛线手套的边缘毛茸茸的线头，手套口前后左右的空间变化，皮手套的扣子和不同手指的调子处理。在组织线条的过程中，尽管针管笔或者特细钢笔画的线条比较细，容易画过，但仍应预留一些空间作最后调整。

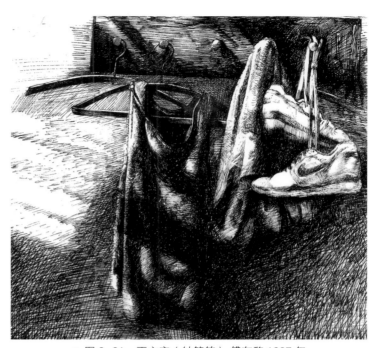

■ 图 2-21　更衣室（针管笔）傅东黎 1997 年

钢笔素描和铅笔素描在画法上有所不同，钢笔素描不能像铅笔那样随时用橡皮等工具调整和修改，钢笔线条落笔"无悔"，中途需要控制节奏，不时止笔观察和调整，以保持画面的效果在可控范围之内（见图 2-22 至图 2-29）。

■ 图 2-22　空间与透视（针管笔）傅东黎 1997 年

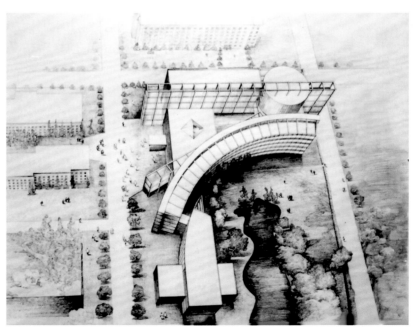

■ 图 2-23　浙江大学建筑系馆设计效果（特细钢笔）傅东黎 1993 年

■ 图 2-24 光影与空间（钢笔）傅东黎
2011 年

■ 图 2-25 速写（美工钢笔）傅东黎
2013 年

■ 图 2-26  周庄（针管笔）
傅东黎 1997 年

■ 图 2-27  遗址（针管笔）
傅东黎 2013 年

■ 图 2-28  浙江大学小剧场
（针管笔）傅东黎 2014 年

建筑素描需要注意的问题：

（1）构图完整：建筑主体突出，建筑与环境布局合理。

（2）整体观察：建筑立面、屋顶、门窗结构交代准确。

（3）强化主观处理：画面的黑白布局明确，虚实处理空间。

（4）加强塑造能力：深入塑造画面视觉中心的结构造型和材质。

■ 图 2-29　上海城隍庙（钢笔、马克笔）傅东黎 2014 年

·第三章·
# 建筑水彩与淡彩 ◄

　　建筑色彩写生常用的表现工具有水彩和水粉。系统学习、观察和表现建筑的色彩知识，掌握透明和不透明的表现技法之后，再学习钢笔淡彩、彩铅和马克笔会比较容易。

-------------------- ◄ **第一节　色彩基础** ► --------------------

　　明度、纯度和色相构成色彩的三要素。色彩学习一般放在素描之后，因为掌握素描造型规律之后能方便色彩的学习，但是，色彩自有一个知识体系和作画规律，不可完全套用素描办法。

## 一　色彩的三要素

### （一）明度

　　明度是色彩明暗的层次，是一幅色彩作品的骨架，由于不同光照和空间前后的差别，色彩的明暗对比呈现不同的艺术效果，画面存在素描关系。如图 3-1 所示，建筑物在画面中呈现明亮的色彩，背景和水面深色处理，形成主体与环境的虚实对比。檐下的窗户因屋顶和檐口的投影，明度很深，表现窗洞的空间。

■ 图 3-1　建筑风景（水彩）傅东黎 2018 年

（二）纯度

纯度是色彩的饱和度，纯度的高低受主体和空间的制约，即纯度高视觉感强，主空间的色彩纯度相对后空间的强。在画面的主体和空间等艺术处理上，需要加强纯度变化。图3-2画面的视觉中心是主体船只，船体结构和色彩纯度高于两侧和背景。一幅画的空间秩序，可以通过调整纯度高低获得（见图3-2）。

■ 图3-2　码头（水彩）傅东黎 2017年

（三）色相

色相是色彩的相貌，它给画面增添丰富的色彩效果。通过色相可以判断色彩的冷暖差别。比如红颜色分别有橘红、朱红、大红、玫瑰红、紫红等，前两种是略带黄的红色，属于暖色，后两种是略带蓝的红色，属于冷色。

如图3-3所示，树荫下的树叶有些是暖色的黄绿色，有些是冷色的蓝绿色，蓝绿色受日光的影响比较大，就像远山一样，山上的绿色树木都变成了青山。由于画中的色彩以绿色为主，所以建筑屋顶的红色不易画成暖红色，为了统一画面的冷暖效果，应处理成略带蓝的玫红色。

■ 图3-3　庐山（水彩）傅东黎 2017年

色彩写生就是锻炼色彩三要素的综合处理能力，一般建筑的主体结构放在画面的中心部位，利用三要素的强弱变化，体现建筑色彩的空间效果。

## 二　色性

色彩不同于素描，学习色彩不能生搬硬套素描的表现方法，避免用素描的造型手段画色彩效果。学习色彩，需要强调色彩的知识体系，只有掌握色彩的观察方法和规律，才能较好表现色彩的效果（见图3-4）。

色性是色彩的冷暖属性，在全色相环中冷暖色各半。知道色彩冷暖的属性，表现色彩的调子和空

■ 图 3-4　西湖雪景（水彩）傅东黎 2017 年

■ 图 3-5　西湖斜阳（水彩）傅东黎 2015 年

间关系时就能有条不紊地用色性调整画面的色彩效果。冷色相对于暖色具有安静退后的作用；暖色较冷色活泼，具有前进的作用。

## 三　色调

　　无论使用油画、水彩和马克笔中的哪一种工具画色彩，画面中起到灵魂作用的是色调，表现过程中色调一直左右着画面的色彩关系。风景写生中，选择明确的色彩目标很重要，主体色块确定了画面的色彩基调，客体是辅色的色彩，包括冷暖与纯度随主体色彩相继调整。图 3-5 为西湖的北山街深秋，暖色的法国梧桐树树叶决定画面整体的色调，地面、墙面以及背景色彩随树叶的色彩而改变。

## 一　整体与局部的关系

建筑由屋顶和墙体等多个局部构成，色彩表现做到既整体又耐看是需要扎实的基本功的，有些同学整体做得比较好，但是无法作深入的细节刻画，三两下就画好了，画面缺乏建筑结构应有的细节塑造，不够精彩，无法吸引人。也有同学正好相反，画中式古建筑时，过分追求瓦当、檐口和飞檐的细节刻画，屋顶的色彩只有结构没有空间，每个细节只是平面的罗列，难以达到建筑的整体效果，也是徒劳的。对此，要理顺建筑整体与局部的关系，加强建筑空间色彩的对比和协调，才能表现出漂亮的建筑色彩。

## 二　建筑的体积感

建筑物 360° 似雕塑作品一样，具有较强的体积感，其通过墙体和柱梁的色彩变化表现建筑的前后空间。初学者不善于观察户外光色的变化，常常依赖建筑物的固有色，前后的柱梁画成一样的颜色，需要加强对空间的理解和整体的观察；同时强化主观处理的意识，避免按照建筑物固有色画色彩。为了空间立体效果的需要，必须把柱梁前后和上下的色彩拉开，这样能够较好地表现建筑物的空间距离。图 3-6 是罗马古建筑，墙体和门窗的用色需按照不同的空间进行处理，中

■ 图 3-6　罗马古建筑（水彩）傅东黎 2018 年

间的墙体是处在最前的空间，所以加强明度和纯度用色才能体现建筑的透视效果，达到建筑的厚重感。

## 三　色彩规律

无论哪个画种都有各自一套表现方法，建筑水彩画也一样。水彩画的纯度和明度均要使用水完成画面效果，所以掌握水分是关键。水彩画暗部，颜料无须加太多的水，要保持颜色一定的厚度，表现

高纯度的色彩也是如此。初学者易犯错的就是水的控制能力不够熟练。画暗部时，常常加水太多，暗部的色彩变得很淡，失去了明暗的对比效果。画亮部时又会水分不足，画面色彩往往比较平均，或是灰得一样，失去了光感效应。控制水分是学习水彩画的第一步，用水量的大小直接影响色彩的空间效果。

（一）用笔

初学阶段需要研究各种用笔的技法，比如锥体毛笔的中锋和侧锋，其用笔方法和效果有所不同，中锋用笔的线条比较圆润厚重，侧锋的则不然，侧锋可以得到不同材质和运笔的效果。另外，还要大小笔和干湿笔的结合，轻重和快慢的结合，叠加和匀擦相结合。初学者切忌用笔涂来涂去，养成含糊不清的用笔习惯。只有掌握了水彩画用笔的基本规律，才能逐步提高色彩的表现力（见图3-7）。

■ 图3-7　浙江大学教学楼（水彩）傅东黎 2004 年

（二）干湿画法

毛笔与钢笔最大的区别在于它同时具备干湿两种画法。毛笔是软质的纤维材料，随时可转换色彩的干湿，表现建筑材料和植物等的特有肌理时有明显的效果，比如用枯笔表现树木、地面、墙面粗糙的质感和纹理，用湿画法表现烟雨蒙蒙的天气和建筑的屋漏痕等，有其他硬笔难易达到的效果。

### 1. 干画法

干画法是在干燥的纸面上进行施色，色块容易"站住"，或者笔中水分较少，在水彩粗纹纸面上快速上色等。在建筑结构复杂，深入刻画细节，用笔和笔触需要变化的时候，干画法是基本的用笔用色方法。在图 3-7 中，地面和植物均有浓淡不同的干笔画法，如地面较明亮的色块，建筑立面的塑造。

### 2. 湿画法

湿画法是先用毛笔在干的画纸上施一遍清水，水分多少根据天气的干湿状态而定，一般不宜积水致使纸面太湿无法收拾画面，而只需该区域处在湿纸的状态下画上色块即可（夏天在阳光下可以多一点水量）。建筑水彩画根据空间结构的需要穿插浓淡不同的色彩，画面中会留下特有的水彩肌理。湿画法多见表现朦胧的建筑远景和配景，表现云天、山景、树影婆娑等。如图 3-8 所示为用湿画法表现雨后街景。湿画法的重点和难点是色彩晕染的结构控制在建筑结构时隐时现的状态，不能心急，要等纸干后再塑造结构。

■ 图 3-8　雨后（水彩）傅东黎 2017 年

---

◄ 第三节　**钢笔淡彩** ►

■ 图 3-9　杭州园林（钢笔水墨）傅东黎 2004 年

钢笔淡彩是钢笔加水墨、水彩、彩色铅笔等表现工具的总称。尽管钢笔表现建筑结构比其他画具便捷和快速，但是受到色彩和大面积用笔的限制，如果加入毛笔和色彩的"援助"，能够加强钢笔表现的效果和范围。钢笔淡彩既要强调钢笔线条的效果又要追求水墨和色彩的效果，做到强强联合。水墨技法虽然与铅笔、钢笔画不同，但是对建筑的结构、光线、空间的表现原理相同。铅笔和钢笔表现建筑时通常靠线条，淡彩靠墨色层次和色彩变化。由于两者使用的画具不同，线条、明暗的组织和表现存在差异，在练习过程中需要慢慢地掌握其特点并发挥各自所长。对于从事建筑、环境、园林、景观专业的人来讲，钢笔淡彩日常使用率高，做方案和考研画快题都用得上。

## 一　胆量

钢笔淡彩可以从钢笔结合水墨的训练开始，水墨用笔需要一定的胆量。如果画过素描和水彩，钢笔水墨技法是不难的。有句话叫作墨分五色，意思指色块具有多种明度变化，水墨晕染的特色隐藏在水和墨的交替变化中。作画应笔随画面效果走，由于水的干湿有时难以控制，所以对形体的把握不像铅笔线条那样"听话"，初涉水墨须加强胆量。同样的造型能力，胆量大的同学可以迅速画好结构。胆量小的同学，比较追求完美，怕画不准，怕线条没有韵味，总觉得慢慢画可以画得更好。因此，用笔比较"磨"、重复用笔比较多。通过胆量训练，提高自信性，用笔重在大胆、肯定和直接。

图3-9中，钢笔水墨随画面园林主体和景观空间而变化，时而画到月牙门墙体结构，时而又回到地面小路；时而画到受光的墙体，时而又回到背光的树丛，不同的空间结构用水墨浓淡在画面的前前后后反复穿行。你需要瞬间就作出判断：怎样组织后面的笔墨，怎样调整虚实空间，很多时候靠的是即兴发挥，有成功的用笔也会有败笔、废笔。过后要及时总结经验，逐步学会控制和即兴发挥。

## 二　激情

建筑手绘缺少设计和表现的激情是无法想象的，手绘的过程不是按部就班的机械性的工作，表现过程似乎像盲人摸象，每个阶段除技术支撑之外离不开勇气和激情。因此，投入满腔的激情作画最好不过。这样既能够保持积极投入作画的状态，又能够发挥钢笔线条和笔墨的韵味。好的线条和笔墨能充分展示作者绘画的天赋。线条不只是外在的结构图像，还能通过线条表现作者作画时的感情。设想：作画时有气无力，不求线条力量和墨色变化，便会失去笔墨的味道，丢失艺术生动的灵性，这样的作品很难打动人（见图3-10）。

钢笔与水彩结合是建筑手绘的一种

■ 图3-10　德国建筑（钢笔淡彩）傅东黎 1996年

快速表现方法，它不同于水彩画，既要强调基础的钢笔画，又要重视水彩画的色彩感觉，一般放在色彩阶段学习比较容易掌握。在画钢笔基础稿时，不要画太多，画出建筑的主要结构即可，无须画上明暗层次、色调、空间和材质放在后面上水彩时强调；钢笔的线条可以粗犷一些。上水彩时，避免填空的画法；需要毛笔的用笔技巧，比如画石材类、粗糙的树皮以及地面等用枯笔，画天空、草地和树叶可以借用水彩画的湿画法。另外，纸张最好是水彩纸，这样处理干湿画法比较有效果（见图3-11）。

■ 图3-11　苏州园林（钢笔淡彩）傅东黎1997年

## 三　钢笔水彩

　　钢笔与水彩结合是建筑手绘的一种快速表现方法。它不同于水彩画，既要强调细的钢笔画，又要体现水彩画的色彩感觉，一般放在色彩阶段学习比较容易掌握。在画钢笔基础稿时，不要画得太多，画出建筑的主要结构即可，无需画上明暗层次、色调、空间和材质放在后面上水彩时强调，钢笔的线条可以粗矿一些。上水彩时，避免填空的画法，需要毛笔的用笔技巧，比如画石材类、粗糙的树皮以及地面等用枯笔，画天空、草地和树叶可以借用水彩画的湿画法。另外，纸张最好是水彩纸，这样处理干湿画法比较有效果（见图3-12）。

■ 图3-12　中式古建筑屋顶（钢笔水彩）傅东黎2015年

（一）单色

单色水彩介于钢笔水彩与钢笔水墨之间，钢笔打形作为骨架，用一种单一色彩来表现物体的明暗体块关系。钢笔水墨更加注重画面的素描关系，而钢笔水彩侧重颜色的表现。比如用棕色系表现老照片似的复古和怀旧风，用蓝色系表现梦幻和浪漫风，用粉色系表现温馨和甜蜜风。这种单色系的表现方法是以两三种水彩颜料组成若干深浅的明度，通过加水或加黑色画出形体结构的素描效果，重视对建筑与环境的光影和空间塑造（见图3-13）。

■ 图3-13　街景（钢笔水彩）傅东黎 2015 年

钢笔水彩的单色渲染和其他任何建筑色彩画一样，画中色彩部分同样存在着黑、白、灰的素描关系，比如大红比紫红、曙红亮，土黄比柠檬黄深。任何调过水的颜色都变浅了，我们可以利用这种黑、白、灰的素描关系来表现建筑空间的节奏感，将钢笔单色水彩处理成不同的艺术效果。若处理得当，整个画面空间表现会显得丰富，具有超现实主义风格。首先，在钢笔线条的结构中加入多种单色的层次，可以说黑、白、灰的素描关系是钢笔淡彩的关键，其次，用毛笔大小不同的干湿运笔加快表现的速度。将快速渲染的色彩强调出来，替代素描中繁多的线条和调子。

单色水彩快速渲染和钢笔水彩略有区别。在图3-13中，单色只是用同一种色系来表现建筑的形体结构的素描关系，虽然缺少了一些色彩感，但是使得画面更加统一，让人更加重视画面的明暗节奏变化，以及营造出来的空间感和特殊的情景。相比于单纯的钢笔水墨的黑白两色显得色彩醒目，比如用黄色表现阳光、温暖、恢宏的画面质感。单色钢笔画不失为一种独具特色的建筑表现手法，但是要注意对于颜色的选择，不宜选择过于艳丽的高纯度颜色，这样会使画面不够沉着。单色钢笔可以作为钢笔淡彩的一个中间过渡训练，来培养大家对于色彩明度、对比或渐变的节奏感的控制能力。

（二）多色

水彩颜料是矿物质，具有半透明的质地。通过改变加水量，颜色的透明度和纯度等性能均会发生改变。所以，用水彩画建筑画应当尽量追求水彩画的韵味与情趣，特别是水彩所独有的那种透明感和水的味道。水彩本身的遮盖能力较弱，因此一般要从浅到深来画。色彩的浓淡不要用白颜料来调和，而要用水来调和。正稿着色时先用薄的透明色来充分展现用水、用色的技巧（见图 3-14）。

建筑写生时可以先用大笔，以大调子铺设天空、远山、树丛、水面的投影、地面和门窗。画水彩画时应当胆大心细，不宜过多修改，落笔一气呵成，在大调子和色块铺好后再用水彩深入地刻画（见图 3-15）。

钢笔水彩画的根本在于硬笔对建筑进行准确的描述，其要充分和准确地表现建筑的结构、明暗关系、体积转折等，同时充分考虑画面的布局。构图做到画面关系一致，钢笔线条可以活泼一点，但是结构

■ 图 3-14　东南亚建筑（钢笔水彩）傅东黎 2015 年

■ 图 3-15  许多建筑（钢笔水彩）傅东黎 2015 年

要严谨。后程的水彩赋色同样也要遵循钢笔所决定的色彩关系。没有严谨的造型基础在先，后期的水彩只能是徒有其表。与此同时，钢笔水彩的另一个重要特征则是色彩的清新和淡雅表现。在创作时我们要注意形式和结构的表现，在用色时与原有形体有机结合。不要使用过重的颜色而丢失了画面轻松清新的特质，同时色彩感觉也不可过于简单而显得苍白。图 3-16 是安徽宏村古民居的钢笔淡彩，用水彩画在普通的速写本上。由于当时是夏天，气候比较干燥，画前要上清水湿纸，用毛笔上色时要注意大小的不同用笔，保持水彩一定的纯度。考虑到色彩干后的钢笔线条，色彩不易画的太厚。

-------------------- ◀ 第四节　钢笔淡彩与渲染方法 ▶ --------------------

一　深色线条与淡彩色块

在钢笔淡彩中，钢笔线条结合平涂的色块是常用的表现形式，可以使建筑结构和空间的虚实主次形象鲜明。为了加强画面布局并让建筑造型在画面上达到或轻松淡雅或浓郁富丽的效果，画面需精细刻画。方法有两种：第一，用浅淡的水彩平涂画面为主，再用深色线统一画面；第二，交替使用多色线条，结构线较对象色块的颜色偏深一点。上述两种方法均采用线面结合、略作明暗层次的处理方式。

■ 图 3-16　徽派建筑（钢笔水彩）傅东黎 2018 年

## 二　渲染程序

### （一）先色后线

上色前用铅笔在画面中画出该结构的轮廓，为了避免上色后因为覆盖轮廓而无法勾线，故上色时要先淡后浓，尽可能填满轮廓的范围。上色后在工整的建筑与参差交错、并列重叠的配景之间，仍难免会有残缺斑驳的色彩痕迹和前后难分的色彩层次。在色彩干透后勾出的钢笔线条，将起到调整物体色彩、显示画面层次的作用，使得原来凌乱烦琐、平淡无奇的画面，变得和谐统一、跃然生动。由于上色之后再勾线，线条的颜色不拘泥于黑色，可视情况选择其他颜色来勾线，让画面的色彩显得更加丰富和美观。注意要在画面干透后再勾线，以免线条渗开造成不必要的麻烦。

### （二）先勾线后上色

根据铅笔的轮廓线用钢笔画出线条，再用水彩渲染对象，水彩覆盖力较强，可以很好地遮盖最初的轮廓线。按照画面表现的风格，笔触或明快、奔放，或精致、退晕等，上色时力求大胆肯定、精细入微、收放自如。先钢笔勾线再上色的方法也有以下两种：

#### 1. 以线为主

用钢笔线条画出整个画面的立体效果，包括结构的受光与背光面、窗户投影、环境和人等，无须像素描那样深入刻画，再用水彩平涂铺色，注意画面中的留白和突出重点的位置。处理完画面整体效果应留有清晰的钢笔线条，充分体现钢笔线条的特点。这种画法以素描为主、色彩为辅，总体感觉较为素雅。

2. 以色为主

另一种则是用钢笔仅勾轮廓，对象的明暗都用水彩逐层渲染表现，即以色彩为主、钢笔线条为辅的表现方法。这种画法真实感较强、色彩浑厚丰富。上色时避免填空的画法，要发挥毛笔干湿不同的用笔技巧，比如表现砖石、树和地面可以用枯笔，画天空、草地和树叶时则借助湿画法。

用上述两种方法进行水彩上色时注意过分的水量会把色线渗化，钢笔淡彩时用碳素墨水为好，忌讳反复修改。勾线与上色的先后顺序可根据画面的内容灵活调整，两者也可交替进行。事先做好计划很重要，使其有条不紊、周全妥帖，更好地控制作画时间和画面效果。同时，上色时应当尽可能让建筑结构、环境和空间线条简洁，色彩明快。（见图 3-17 和图 3-18）

■ 图 3-17　设计作业（钢笔淡彩）刘滨 1988 年

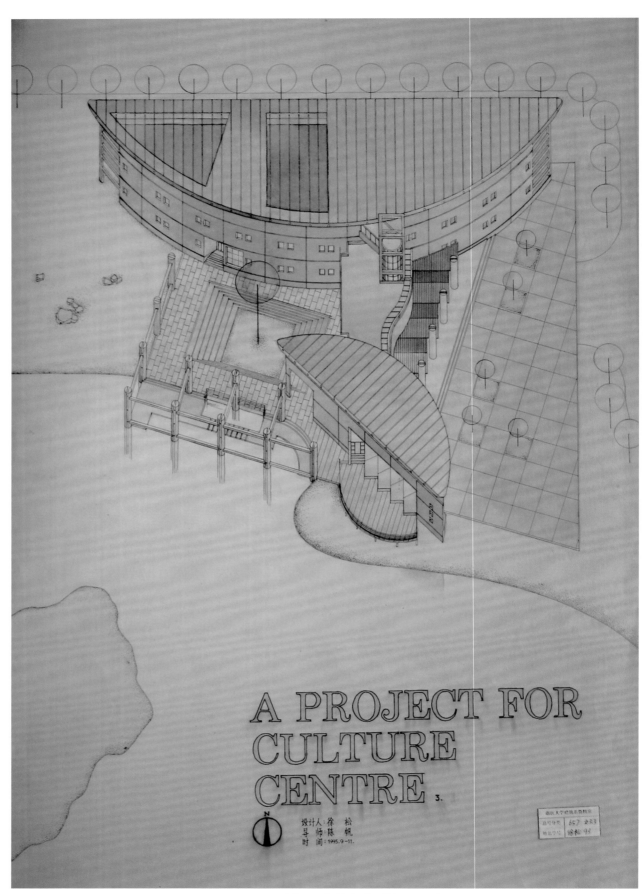

A PROJECT FOR
CULTURE
CENTRE.

设计人：徐 松
导 师：陈 朝
时 间：1995.9～11.

■ 图3-18 设计作业（钢笔淡彩）徐松 1993 年

·第四章·

# 建筑快速表现 ◀

-------- ◀ 第一节　**马克笔快速表现** ▶ --------

## 一　功能与特点

近年来马克笔画材的普及和使用，给建筑手绘的快速表现带来利好。由于马克笔颜色丰富又符合人们日常硬笔书写的习惯，特别是马克笔快速表现的功能，无论在表现形体结构方面还是丰富的色彩方面，越来越受人们的青睐。马克笔既然能在最短时间内表现建筑设计的效果，那么就必须讲究"快、准、稳"三大特点。

### （一）快

马克笔具有硬笔材料特性，人们习惯于硬笔的用笔方法，为掌握马克笔提供便捷条件。不仅如此，马克笔的颜色、种类丰富，能够较快找到表现所需的色彩，而且上色即干，能加快上色速度，省去水彩和水粉施色不能马上干的弊病。

马克笔这些特点为建筑手绘的快速表现提供了有益的客观条件。主观上，我们也要树立快字当头的理念，用笔不要犹豫，落笔到收笔忌中途随意停顿和反复起笔，每次下笔前考虑用笔的方向、长短和疏密变化，预计用何种点线面的组织效果。只有准备充分，临危不乱，用笔才可能到位，才可能更好地体现马克笔快速表现的力度与洒脱。

### （二）准

快速不只是一味图快，还要体现在精准的质量上。马克笔的笔尖造型具备排刷一样的宽面，转换笔尖的角度还可以画出细线，斜口的笔尖还能变化宽窄不一的线条，执笔的角度具有线条变化的功能，造型时可以通过这些表现建筑结构和形体起伏。如果是钢笔结合马克笔，可以加强画面的塑造。

### （三）稳

马克笔的颜色种类较以前有较快的发展，在色彩的纯度、色相和明度三要素上有较大的改善。尽管如此，相比水彩和油画颜料仍逊色许多，每一笔只能代表一种色彩，无法调出微妙的色彩感觉。无论素描明度还是色彩层次，画前需要设计用哪几种颜色组成一套色，套色包含色调、明度、材质等。有了前期的准备，胸有成竹地上色，一般5套色以上色彩比较丰富，小于5套色必须加快每种颜色的色差节奏，画面才能呈现明快的效果。

## 二　马克笔的排笔方法

### （一）单层

表现建筑立面时，先用马克笔平铺一层。比如红色的屋顶和黄色的墙面，先用较浅的红色和黄色平铺一遍，做出屋顶与墙面基本的固有色彩，感觉所画的似受光效果即可。作为基础色的用笔面积可以略画大一点，由于先上浅色不用担心后面叠加的深色。在表现建筑大结构的时候，比如墙体立面、屋顶、绿植、地面，无须整个上色，30% ～ 50% 的基本色足矣，随之作快速的渐变和退晕（见图4-1）。

■ 图 4-1　排笔方法（钢笔、马克笔）傅东黎 2008 年

### （二）叠加

马克笔和透明水彩一样具有叠加性，相同明度的颜色叠加能够看到不同颜色，深色叠加则起到覆盖的作用。因此，根据不同的色彩效果来设计用色的先后，往后叠加的色彩越深越保险。为了表现丰富的色彩效果，第一，明度上的叠加，让画面的"黑白灰"层次具有光效应效果；第二，色相上的叠加，使画面有色彩层次和形体的空间感。注意叠加次数不宜过多，避免色彩变脏；叠加方向要改变，与前面的用色呼应，1 + 1 > 2；加黑色时要多加斟酌，避免暗部黑过多显得"闷"，难以修改。和水彩一样留白是马克笔建筑手绘必不可少的技巧之一，也可借助高光笔补笔（见图4-2）。

■ 图 4-2 单色排笔方法
（钢笔、马克笔）傅东黎
2015 年

■ 图 4-3 点（马克笔）
陈德（二年级）2018 年

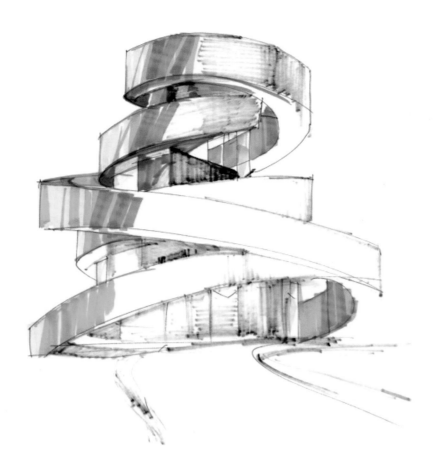

■ 图 4-4 线的排笔（钢笔、马克笔）傅东黎 2015 年

■ 图 4-5 线的排笔（钢笔、马克笔）傅东黎 2015 年

（三）用笔的角度

1. 点

点一般用于处理砖石、植物、草地或者天空等特殊物体，起到线条与面的过渡作用。点的用笔比较小，在用笔的方向、速度、疏密变化上力求造型生动，切忌单一的用笔，失去点的生动和灵活性。如图4-3所示。

2. 线

线一般用于结构的轮廓造型或者是面的结束处。马克笔的线随笔尖的角度变化有三种粗细的线条。马克笔排线时，注意笔尖与纸面的角度，落地要实，不要临空或翘角，出现犹豫状态下断断续续的用笔。与面过渡处的线条，结尾处小角度倾斜收笔。宽笔线条避免长时间笔头停留纸面出现较大线头（见图4-4和图4-5）。

3. 面

马克笔宽笔落地，线条连续排笔形成大面积色块，如果面的用笔线条不连贯，漏笔太多会影响面的整体感，同时避免画面太满过实，失去马克笔快速表现的效果，结尾处及时收尾（见图4-6和图4-7）。

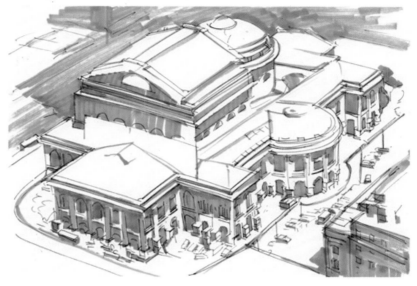

■ 图4-6　面的排笔（钢笔、马克笔）傅东黎 2015 年

■ 图4-7　杭州东坡路（钢笔、马克笔）傅东黎 2015 年

### 三　马克笔的用色

市面上常见的马克笔颜色超百种，每一支笔单独成色，用色具有独特的色彩效果。我在使用马克笔的时候，按冷、暖和灰色系捆扎三把笔。画前确定色调，再综合考虑色彩的三要素，将选好要用的笔放在一起。初学马克笔虽然比水彩水粉容易上手，但它是一把"双刃剑"，如果不假思索，简单地"涂鸦"和"盲画"，建筑手绘就不能取得应有的艺术效果。只有建立了系统的色彩知识和感觉之后，马克笔的用色才能提高。图4-8选择黄、棕和暖绿色为画面的色彩基调，三种颜色统一中略带变化。为了加强光色的明暗层次，加入棕色。玻璃门窗的透明度好，户外的绿植颜色客观上比较冷且深，这样与室内的主色调有较大的冲突。为了整体的效果，对绿植的用色进行处理，让它成为变淡的暖绿色，这既突出绿植的色彩，又不会破坏画面的主色调。

■ 图4-8　室内外空间（钢笔、马克笔）傅东黎 2015 年

### （一）配色原理

把握马克笔用笔用色之前需要简单了解配色原理。

**1.三原色**

红、黄、蓝是色彩的核心，是所有色彩之源。三原色的调试能够获得其他各种颜色。

**2.三间色**

橙、绿、紫是3个间色。任1个间色都是两个原色之和。

**3.多复色**

多复色是数种颜色调谐和叠加。

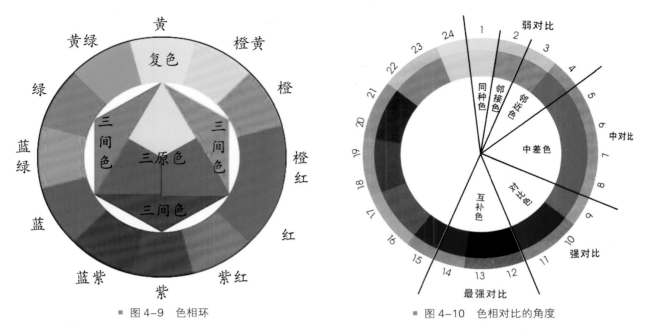

■ 图 4-9　色相环

■ 图 4-10　色相对比的角度

**（二）色相环的角度**

色相环中不难看到不同角度的色彩对比，随着色相环角度的拉大，色彩对比的力度随之加大，直到补色对比到达极致。马克笔的配色与水彩和油画一样，掌握色彩原理的基础知识是关键。全色的色相环一眼能够看出冷暖各半，色相环角度越小，色彩效果越和谐；角度越大，色彩越丰富，且对比效果强烈。

配色时利用色相环角度，掌握色相环依次排列的颜色，结合色彩的明度和纯度，深入了解马克笔的色标，记住各类马克笔套色的色彩效果。平时的色彩训练需培养良好的色彩感觉和体验，综合色调、色相、纯度和明度的艺术处理，提高用马克笔的色彩造型和塑造的能力。

**（三）色彩的整体性**

**1 类似色**

色环角度越小，颜色越接近，使用类似色系的色彩，画面的效果比较协调，不会产生"矛盾"，随着类似色彩对比的功效减弱，靠明度表现建筑结构和空间效果。比如，棕色系以赭石和熟赫为主，靠近棕色系的土黄和橄榄绿作为扩展颜色，画面色彩呈现协调统一的棕色系。图 4-11 为校园建筑，是欧洲建筑与环境的马克笔表现效果。钢笔简约画出建筑墙体结构线之后，用马克笔浅棕色画出受光部分的色调，再深棕色表现檐下和门窗的背光色，一浅一深两种棕色拉开建筑的结构和空间。钢笔加统一色系的马克笔，较快建立一幅画的基本框架。图 4-12 为罗马建筑，墙体是石材，统一的色彩表现出斗兽场的沧桑感，除了塑造风化的石材外，还可以利用棕色调唤起人们对历史的追忆。棕色的马克笔有多种，选择时除了考虑明度对比之外，还需要一些纯度和色相的对比，跳跃的红棕色结合稍显灰暗的熟褐色，让色彩的效果具有节奏感和层次感。

■ 图 4-11　校园建筑（钢笔、马克笔）傅东黎 2015 年

　　马克笔快速表现方法的入门是比较容易的，手绘过程中既要寻找规律性，又要打破按部就班的程式化。图 4-12 这幅画的色调具有一定的规律性，但也可以尝试不用棕色调，而用不同的色调来表现。

结构和空间的塑造上，用笔用色也需要即兴发挥。这幅画面不适合用整齐的排笔，而是用晕擦的用笔方法再加长短结合的排笔。窗洞里先用密集的平行排线再另外选择方向，用横竖相反的线面结合，表现石块历久的斑驳和沧桑感。同样的一支笔用不同的力度所呈现的画面效果是不一样的，凭借想象力和画面随机应变的能力，表现过程没有固定的模式，要充分发挥和调动主观的积极性和艺术创作的热情。

■ 图 4-12　罗马建筑（钢笔、马克笔）傅东黎 2015 年

　　2 邻近色

　　色相环上相距 45°或者相隔 5～6 个数位的两色称为邻近色。随着色环角度的增大，色彩对比随之提高，画面丰富的色彩感觉也进一步加强。图 4-13 这幅现代建筑临近绿蓝色调，用马克笔四种差异的绿衬托建筑，蓝紫色和黑灰塑造建筑的结构形体。由于蓝、绿、紫和黑灰色彩比较统一，所以画面呈现的效果比较和谐又不单调。

### 3 对比色

在色相环120°中有两个三原色相遇，色彩对比虽然没有补色那样强烈，但是对比的效果具有一定的强度。用马克笔表现画面明暗两类色彩比较容易，表现丰富的灰色并不容易，手绘中要善于把握马克笔色彩的对比效果（见图4-14）。

对比色包括色彩的冷暖、色相、明度和纯度对比，包括色彩的强弱对比。对比色运用得好，画面效果具有力量之美和丰富之美。对比失当，画面色彩杂乱不整体，画面色彩感觉也容易出现媚俗、不和谐的情况。

■ 图4-13 现代建筑（钢笔、马克笔）傅东黎 2016 年

■ 图4-14 新建筑（钢笔、马克笔）傅东黎 2016 年

■ 图 4-15 海边（钢笔、马克笔）傅东黎 2016 年

初学者分辨马克笔颜色深浅容易，选择它们画素描关系一点也不困难，但是选择哪几种灰色马克笔比较难（黑白灰除外）。第一，灰颜色中间层次的笔比较多，有冷暖差异的也有纯度高低的。第二，色相的差别，在同类色、邻近色选择协调的、漂亮的灰色并不容易。为了满足马克笔快速表现建筑手绘的需要，一般用笔能少则少，只要色彩的冷暖和纯度不过分，都可以尝试着用。图 4-14 与图 4-15 是不同色彩纯度的两幅画。前者灰色调中黄色和绿色较明亮，色彩略带纯度，对比效果比较鲜明。后者玻璃和砖石比较灰，选择较多灰色表现海边日晒雨淋的效果。

## 四　建筑结构的表现方法

### （一）门窗

门窗是建筑手绘的"零部件"。门窗分为中西式结构和现代结构，重点是门窗与建筑立面的色彩协调和统一。门窗的光影和玻璃的材质是手绘的重点。如果是格子式的门窗玻璃，直接画好深色的门窗结构再用白笔或修正液画上门窗框（见图 4-16）。如果是老式的木门玻璃窗，直接用马克笔画上木门和玻璃窗的固有色，再用另一深色的马克笔笔头的侧锋表现木结构的色彩和造型，特别是老旧的木门窗的勾缝。此外，还需刻画门窗周边墙体局部破损的细节（见图4-17和图4-18）。

■ 图4-16 门窗（钢笔、马克笔）傅东黎 2016年

■ 图4-17 门与窗（钢笔、马克笔）傅东黎 2015年

■ 图4-18 砖墙胡同（钢笔、马克笔）傅东黎 2015

■ 图4-19 砖墙与木门（钢笔、马克笔）傅东黎 2015年

（二）砖墙

砖墙结构的立面造型，需要马克笔按其立面结构排笔，追求砖墙铺装效果的同时，增加以点带面的虚实处理，加强墙体立面的空间节奏感。建筑立面属建筑手绘中较大的零部件，面积大就会涉及建筑材料的色彩和质感，而且立面的造型复杂。大面积的建筑立面对画面的整体色彩起着重要的作用，受光和背光的色彩关系既要考虑素描关系，又要照顾色彩冷暖与色相，抓住马克笔快速表现的特点，强化建筑的立体空间感。为了快速表现面积比较大的墙立面可借用三角尺排线，上下快速移动，结合

■ 图 4-20　意大利建筑（钢笔、马克笔）傅东黎 2015 年

■ 图 4-21　建筑立面（钢笔、马克笔）傅东黎 2005 年

马克笔笔头最宽面，力求排线均匀无明显的色块破损（见图 4-19 和图 4-20）。

（三）玻璃幕墙

现代建筑中有不少像图 4-21 至图 4-23 那样大面积玻璃幕墙的建筑。为了更好表现立面的墙体需要掌握固有色、光源原色和环境色三者之间的关系。用马克笔塑造现代建筑的玻璃幕墙时，先预留玻璃的高光位置，再用不同蓝色画玻璃的固有色和投影。投影是指周围环境投影，呈深色的平面效果，因此可利用马克笔横竖方正的笔触。

（四）屋顶

屋顶的造型古今中外有别，建筑手绘屋顶需要考虑光照与檐口的关系。特别是屋顶的固有色比较深的时候，要快速对比檐口的明暗色彩，檐口处背光，色彩相对暗一些；与此相反，受光的屋顶需要提亮色彩的明度。屋顶与天空的色彩关系，常见背光的屋顶用白云衬托，突出屋顶的结构，受光的屋顶用深蓝色衬托效果更好（见图 4-24 至图 4-26）。

■ 图 4-22　新新饭店（钢笔、马克笔）傅东黎 2013 年

■ 图 4-23 建筑立面（钢笔、马克笔）傅东黎 2015 年

■ 图 4-24 建筑屋顶（钢笔、马克笔）傅东黎 2015 年

■ 图 4-25　建筑屋顶（钢笔、
马克笔）傅东黎 2015 年

■ 图 4-26　建筑立面与屋
顶（钢笔、马克笔）傅东黎
2015 年

彩色铅笔(也称彩铅)较普通铅笔色彩丰富，建筑手绘中不乏用彩铅表现的地方。目前市面上能够买到的有普通彩铅和水溶性彩铅。建筑手绘先用钢笔画好建筑结构，再略加彩铅上色，建筑结构、功能和空间的效果就能立马显现出来了（见图4-27）。

## 一　层次与机理

彩色铅笔与普通铅笔的使用方法大致相同，单色彩铅的用笔轻重关系到色块的浓淡，不同的彩铅重叠产生普通铅笔无法得到的效果，其色彩具有一定的渗透作用。彩铅均匀排列出的线条，画面的色块是一致的，画面的大小与排线的长短相关。平涂的排线法是体现彩铅效果的一个重要方法，很能突出形式美感，因为彩铅的笔触注重一定的规律性，能使笔触向统一的方向倾斜。统一的笔触可以使画面效果整体又和谐，是非常显著的用笔技法，不仅简单易学，而且有利于表现画面效果。用笔力度大小不仅能发挥彩铅的色彩层次，也能体现色彩和结构的明暗层次。

用一支深色的彩色铅笔能够画出素描一样的立体效果，但是无论怎样改变力度，毕竟是单色，渲染效果有限，画面也显得单调乏味。如果彩铅使用并置和重叠进行表现，这样的色彩变化较丰富。重叠方法有同类色、邻近色和对比色，甚至是补色重叠（见图4-28和图4-29）。

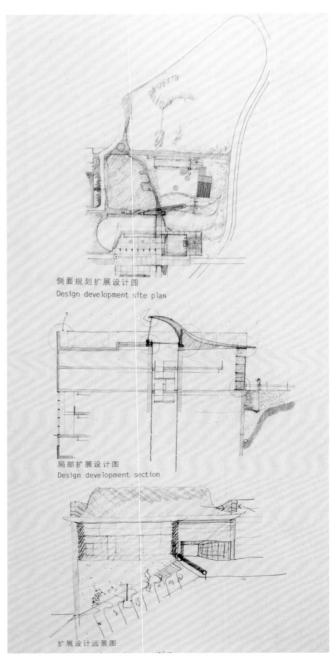

侧面规划扩展设计图
Design development site plan

局部扩展设计图
Design development section

扩展设计远景图

■ 图4-27　巴塞罗那奥托纳默·德大学的图书馆（钢笔、彩铅）
埃斯皮内特·乌巴克 2002 年

■ 图 4-28　彩铅用笔（彩铅）傅东黎
2015 年

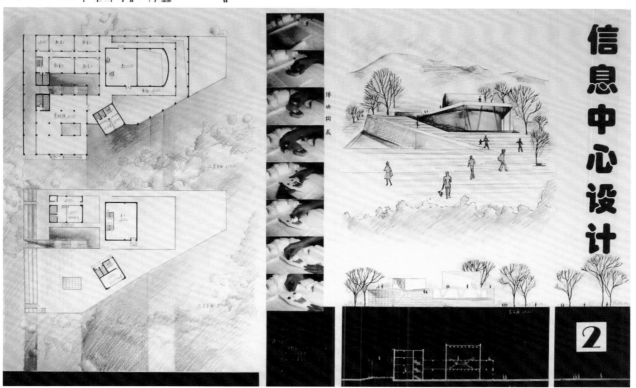

■ 图 4-29　学生建筑设计作业（彩铅）佚名（二年级）2006 年

水溶性彩铅利用其溶于水的特点，将彩铅线条与水融合，达到晕染的效果。

## 二　穿插与互补

在建筑快速表现过程中，彩色铅笔往往与其他工具配合使用。较常见的是和铅笔、钢笔结合，先用钢笔勾画建筑结构和环境，再用彩铅上色。上色时方法和普通素描铅笔一样，用笔轻快，线条感强，易于掌握。

### （一）统一

建议初学者从彩铅干画法开始练习（不用水溶性的晕染法）。单色靠用笔的轻重组织色块的明暗，表现结构和空间。

如图4-30所示的卢浮官，从最浅的黄颜色开始，逐渐增加为较深的黄色。用同类色增加结构和空间的立体效果，画面中用黄、橙、棕色表现灯光效果和建筑基本的构造，排笔的轻重结合数支同类色彩铅，增加了画面的光感和气氛。

若要表现色调近似或统一的画面效果，要尽量选用同一色系的彩色铅笔进行渲染，以达到色调和谐统一的目的。

■ 图4-30　卢浮宫（彩铅）傅东黎 2015 年

## （二）对比

彩铅与马克笔有所不同，它不容易画黑，特别是画暗部较多的情况更加困难。对此需要借助水溶性彩铅蘸水画的方法，得到较深色的窗檐阴影，利用黑白的明度对比，表现玻璃幕墙的透明度。如图 4-31 所示的玻璃幕墙极其透明，特别是灯光打了以后环境色削弱，里面灯光的色彩更加鲜明，建筑构建的造型轮廓全盘托出。在处理这幅画面时，分别用冷暖不同的黄棕和绿蓝加强灯光的效果，除此之外用冷暖对比的色彩，画面也有了视觉重点。

■ 图 4-31 玻璃幕墙（钢笔、彩铅）傅东黎 2016 年

## 三 彩铅与马克笔结合

彩铅由于受笔尖较细的限制，所以处理大面积的画面比较费时费力，但是彩铅的细腻与马克笔的粗放两者结合，互补效果明显，因此彩铅常与马克笔"强强联合"，先用马克笔铺设画面大色调，再用彩铅叠色法深入刻画。在素描纸质上用彩铅画出的效果呈颗粒明显的肌理，比如山石、建筑墙立面、树干和地面等。如果建筑材料需要特殊等肌理效果，可以在画纸下面垫一些粗糙或其他质地的材料。彩铅在建筑快速表现方法中，与马克笔结合能充分体现彼此穿插与互补的作用（见图 4-32）。

■ 图 4-32 现代建筑（钢笔、彩铅）傅东黎 2016 年

# 第五章

# 建筑手绘配景 ◀

　　建筑手绘无论采用哪种表现形式，主题一定是建筑。是不是只要画好建筑就万事大吉了呢？答案是否定的，因为画面中出现的任何结构，不论是建筑还是环境，都是画面的组成元素。配景既能够为画面增色，也会让画面黯然失色，手绘配景虽然少，对于建筑不算什么，但如果不能做到少而精，那么配景就会拖画面整体效果的后腿，更不用说呈现一幅完美的建筑手绘了。

------------------------------ ◀ **第一节　配置的重点** ▶ ------------------------------

　　建筑手绘的配景有绿植、天空、水景、地面、车辆和人物，它们是建筑环境的主要"角色"，在画面中发挥构图、空间、虚实、肌理和情趣等作用。配景虽然无须太多的笔墨，但是配景的质量直接影响整个画面的效果，包括建筑主体是否突出，画面的视觉效果是否生动，能否抓人眼球等。因此配景对建筑手绘来讲，只需寥寥数笔勾勒出基本型，用笔力求简洁和明快，用色到位，不要喧宾夺主，少而精地表现绿植、车马和人物等形象。

## 一　植物

### （一）树的造型

　　在建筑手绘中，树的大小、色彩和造型是表现的重点，各种造型的植物在画面中的位置需要整体布局。如果第一空间的建筑体量比较大，那么建筑周围的绿植面积不宜过大。在建筑物等前面设计1～2棵高于主体建筑的树干，顶端配上稀疏的3～5根长短不一的树枝，再用表示绿叶的曲线贯穿其中，拉伸画面上下的环境和空间即可；建筑与地面交界处配置一些低矮的灌木和地被植物。除勾勒树木的外轮廓外，用1～2个绿色点缀，无须过多刻画，甚至不用画完整，有意表现出四两拨千斤的轻松之感。由于树是必备的配景，所以单棵树和树丛的造型要烂熟于心，常用的树要达到信手拈来的熟练程度。

另外，学习并掌握两三种不同风格的树，线条或松弛或装饰，与建筑风格统一，比如苍劲的松柏配中式古建筑、芭蕉配中式庭院，植物与建筑、建筑与环境相得益彰。绿植的色彩取决于画面的冷暖色调，用蓝、绿和紫色表现春季的树，用黄、橙和红色表现秋季的树。如果配景能够符合建筑的表现风格，用线用色也能体现快速表现的效果，那么画面会更加完整（见图 5-1 至图 5-6）。

■ 图 5-1　树（美工钢笔）傅东黎 1997 年

■ 图 5-2　树（美工钢笔）傅东黎 2015 年

■ 图 5-3　树（钢笔）傅东黎 2005 年

■ 图 5-4　树（铅笔）傅东黎 2007 年

■ 图 5-5　南方绿植（水彩）傅东黎 2015 年

■ 图 5-6　小别墅（马克笔）傅东黎 2016 年

### （二）灌木

冬青、黄杨类的灌木在画面中以点的形式出现。按照建筑环境的远近、高低和疏密进行布局，既美化环境，又能让画面的构图完整，可谓一举两得。灌木和树木的表现一样，无须严谨的线条和精彩的细节，可以是单体的球形、方形，也可以两个或多个大小重叠，用色基本是同类色，在辅助建筑环境中不能"抢镜"（见图5-7和图5-8）。

■ 图5-7　灌木（钢笔、马克笔）傅东黎 2015 年

## 二　天空与地面

### （一）天空的画法

建筑手绘草稿时，首先布局天和地的空间位置，地平线一般较低，占画面的1/5～1/3,地面上有草坪、水面、交通、工具、马路和人物等配景。这些是建筑的配景，无须过多的笔墨。天空面积比较大的画面，用云彩表现天空的辽阔。云彩一般用两三个颜色，画天时在白纸上预留云朵造型，再用马克笔画深浅不一的蓝色，形成远近的天空，蓝与白交错之间，用浅蓝色马克笔，以晕染方法表现云的厚度。蓝天、白云和建筑之间互为衬托关系，用笔不易过多，除蓝天、白云外，还可以表现早晚的云彩，特别是白色建筑和现代建筑的玻璃幕墙，用冷暖色调表现云彩的效果更佳。

■ 图5-8　复旦大学图书馆（钢笔、马克笔）
傅东黎 2015 年

画天空时，除了排笔的大小、方向和疏密外，注意画面用色的整体性。比如，有些同学为了增加戏剧性的效果，天空画满了晚霞，建筑主体却没有表现霞光照到的色彩，天色与建筑是两个时空，环境没有起到衬托建筑的作用。提醒之后，同学用霞光颜色统一建筑立面，让建筑和环境沐浴在霞光之中。还画上大小不一的飞鸟，以示远近的空间，增加静动对比，让画面一下生动了起来（见图5-9）。

### （二）地面的画法

画地面时先确定路面的位置和朝向，画出路面长短和曲直的结构线，建议路面与建筑形成余角透视，路要避免八字两撇左右对称的样子，路面确定之后再设计若干大小草地，配上灌木与树丛。重点是灌木和树丛的基本形和方位，点到为止，切不可有过多细节或草率行事，画面的边缘应作"羽化"处理（见图5-10）。

■ 图5-9 浙江图书馆（钢笔、马克笔）傅东黎 2016年

■ 图5-10 城西印象城（钢笔、马克笔）傅东黎 2016年

## 三 水景

手绘的如果是水景房、游船码头、度假别墅等比较有特色的建筑环境，必定表现水的结构和形象。水面的色彩受光和周围环境色的影响很大，水中倒影呈现不同深浅的色彩，水的颜色不要用简单的蓝色一画了之，需要从水的固有色、天的反光色和倒影三方面来塑造水的形象。水的固有色一般是蓝色和绿色，天的反光用留白处理，倒影位置要与岸上的色彩一致，再画上水波和涟漪，水面就会更加生动（见图5-11）。

画水关键在于细心观察，然而往往手绘越不会的同学越缺少观察。有风的水面，倒影中天与建筑之间穿插着"黑白"的涟漪。手绘时既要在深色的倒影里预留白色涟漪，又要在亮色的位子画深色的涟漪。风越大，这些"黑白"穿插的涟漪弧线越长，起伏也越明显（见图5-12至图5-14）。

■ 图 5-11　水景建筑（钢笔、马克笔）傅东黎 2014 年

■ 图 5-12　斜阳（钢笔、马克笔）傅东黎 2016 年

■ 图 5-13 曲院风荷（钢笔、马克笔）傅东黎 2016 年

■ 图 5-14 别墅庭院（钢笔、马克笔）傅东黎 2016 年

人物与车辆是建筑手绘中常见的配景。第一，人物与车辆作为建筑恒定的参照物，人物出现在画面中可见建筑物的高度与体量。第二，人物与车辆能丰富画面的色彩效果。第三，合理的人物设计能点亮特定的建筑环境，比如商贸大厦、学校、娱乐场所和休闲度假村等，让画面静动结合变得更加生动。

## 一　人物速写

建筑空间的体量很大，人物一般以中、远景出现在建筑环境中。人物不论是正面的还是背面的，都不需要过多塑造，重点关注的是人物与建筑的空间透视和比例是否准确。男和女的形象是为了点缀画面的色彩和空间。人物的用笔用色应按照人物性别、年龄、职业区分，重点是体态和服装造型。人物速写以步态为主，以头的长度为1单位，1∶8左右的身高，表现宽肩、短发的男性和溜肩、长发的女性，男子倒三角和女子婀娜曲线的体型，服装线面结合，色块穿插对比，1个和多个人物组合了明确在建筑环境中运动的方向。画面中出现的人物虽然不多，但应疏密排列有序，空间透视准确（见图5–15至图5–18））。

■ 图5–15　人物画法之一（钢笔、马克笔）傅东黎 2016 年

■ 图5–16　人物画法之二（钢笔、马克笔）傅东黎 2016 年

■ 图 5-17 人物画法之三（钢笔、马克笔）傅东黎 2016 年

■ 图 5-18 人物画法之四（钢笔、马克笔）傅东黎 2016 年

## 二 车辆

在建筑为主体的大空间内车辆比较小，但是，如果强调透视空间效果，也可以把车辆画在近处，起到热闹和拥挤的视觉效果。用马克笔表现小汽车或巴士时，一般从侧面画出车辆的两个立面。重难点是玻璃窗的用色，玻璃的投影与反光形成明度色彩的强烈对比。画小轿车车头或车尾，除玻璃窗外，大灯和车牌是造型的重点。手绘车辆用笔需简洁，颜色无须太多，一般用两三种深浅不一的颜色，留出高光位置表现车辆光滑的质感，车与地面之间用深色马克笔表现车辆的投影，从而表现车落地的空间和重量感（见图 5-19 和图 5-20）。

■ 图 5-19 杭州西溪印象城（钢笔、马克笔）傅东黎 2016 年

■ 图 5-20　浙江大学小剧场（针管笔、马克笔）傅东黎 2014 年

---------------- ◄ 第三节　**建筑环境与空间打造** ► ----------------

### 一　虚实空间转换

　　建筑手绘中建筑是主体，是艺术处理的重点，但是天地、绿植、车辆、人物都是画面中表现环境与空间的有机部分，虽然各自的结构、大小、色彩、造型不同，但是紧紧围绕画面中心，目的是为了优化建筑的环境和空间，像电影综合性艺术创作，影片离不开编剧、导演、演员、服装、音乐、美工、道具一样。初学者要重视环境和空间的艺术处理，善于将各个方面进行有机结合，综合性地设计各部分的体量大小、虚实结构、强弱色彩等（见图 5-21）。

■ 图 5-21　建筑立面与高浮雕（钢笔、马克笔）傅东黎 2016 年

比如天空与建筑的色彩面积之比，地面上利用绿植的大小、高低、疏密、色彩强弱等对比，提高建筑环境和空间的透视效果。

建筑透视不只是交代视平线和灭点，还应配合建筑空间进行光感的处理，因此，设计光的方向，表现光照的强弱非常重要，它能够产生远近的空间体感。城市建筑的空间由于光照比较平均，明暗的对比小，建筑并没有呈现空间立体感。对此，手绘需要作空间的处理。图 5-21 这幅画面左右和上下的色彩均有变化，光源从左上方逐渐向右过渡，右边的建筑结构是概括的虚形，左边的光照强烈，色彩从明亮的黄色系慢慢增加到橙色，层次鲜明。马克笔用笔需控制大小与方向，深入刻画墙立面和窗结构，从而体现建筑的造型和材质特点。

## 二　配景秩序

马克笔上色秩序与水彩的相似，先浅色后深色，方便后面色彩的叠加和覆盖。反之，浅色难以遮挡、修改深色部分，导致塑造形体、空间的困难。如果配景分三个阶段，那么第一阶段是整体配景的布局，确定配景的内容，包括天地、绿植、车辆、人物等，在受光位置简单地排笔，简单画出形体结构即可。第二阶段确定配景的色彩与建筑色调的整体效果，以统一为主，但也要有适度的对比。第三阶段塑造

■ 图 5-22　建筑环境（钢笔、马克笔）傅东黎 2016 年

■ 图 5-24　斜阳（钢笔、马克笔）傅东黎 2016 年

■ 图 5-23　建筑与雕塑（钢笔、马克笔）傅东黎 2016 年

配景的形体结构，保持与建筑的主次关系，从画面的构图、建筑造型、空间环境的整体考虑，包括配景的用笔用色所占比重大小、色彩造型的强弱、空间的先后，避免喧宾夺主（见图5-22至图5-24）。

　　建筑作为画面的主题，其结构塑造里的重要性毋庸置疑，建筑环境中绿植和地面也不能轻视，特别是建筑效果基本已经呈现，环境还只是一些补丁似的色块时，最后的阶段就是画龙点睛的时刻。按照前面摆放的色彩和造型，大胆地联想和用笔穿插，即兴用笔把上下左右的"资源"调动起来，比如画面中树干用较重的绿色经过上下穿插的用笔，捕捉树干、枝受光与背光的形象。又如图5-25钢结构的天棚，通过蓝天白云表现玻璃的透明质感。一幅画结束之前画面务必作整体的调整，强调建筑与配景的对比效果。

■ 图5-25　杭州IN（钢笔、马克笔）傅东黎 2016 年

·第六章·

# 美术功力与建筑设计 ◀

优秀的建筑师具备较高的艺术修养和美术功底，从设计方案、模型到出图效果，每个环节都离不开设计师的美术功力。或寥寥数笔的造型，或恰如其分的色彩处理，画面效果反映设计师的审美趣味和格调。画如其人，可见一斑。在校期间无论是设计作业还是美术作业，两方面都应该加强和自我完善。建筑系有许多设计课程，其中专题化设计和快题设计能够反映

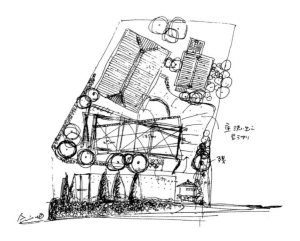

■ 图 6-1 光明教堂（钢笔）安藤忠雄 1989 年

设计师的综合能力。较短的时间里完成设计极具挑战，因此，国内考研考博采用快题设计，在现场考试中挑选设计与表达的佼佼者。此章遴选我系各年级美术功底扎实的部分同学的设计作业，抛砖引玉。他们在本科阶段的学习非常出色，为去海外名校留学和到知名企业工作奠定了良好的基础。

-------------------------- ◀ 第一节　**快题手绘** ▶ --------------------------

设计灵感需要瞬间抓住其视觉形象，此时若有信手拈来的手绘功夫就十分重要。图 6-1 是世界著名建筑大师安藤忠雄设计光明教堂的手绘，钢笔线条寥寥数笔，设计思想跃上纸面。建筑设计专业的考研时间限制 3～5 小时（半天或一天）。在有限的时间内完成命题设计，包括平、立、剖、总图和效果图，完成的质量是评判专业是否录取的关键。建筑设计属于专业设计部分在此不作展开，如何熟练掌握快题设计的手绘是美术研究的方向和重点。

## 一　版面布局

万事开头难，当拿到任务书的时候，首先要严格、仔细地审题。确定设计方案后规划版面上平、立、剖、总图和效果图五个图的位子，其中效果图和平面图占版面的面积比较大，肩负建筑功能和视觉美感两大作用，画面呈现的视觉效果更加突出。立面图和剖面图小而窄，一般放在版面的顶端或底端。总图用作调整画面。五图重点是平面图和效果图的位置，平面图的结构受地块的形状、大小、朝向与建筑造型等因素的限制，所以如何摆放版面是关键。大面积建筑设计的平面图有两层或两层以上，由于两平面图造型和色彩一致，具韵律一般的辨识度，画面篇幅有限，两图或左右或上下布局画面整体感强（见图6-2）。

建筑快题设计离不开设计师的哲学思想和审美情趣，排版的形式感体现建筑设计的风格，画面的整体色调、功能图的线条走向、字体设计无不彰显设计师把控图面节奏的能力，以及设计师的视觉品位和鲜明个性。效果图、平面图、剖立面在版面上有一些空白需要填补，常用绿植和山水等与建筑内容相关的元素，配上建筑环境和景观烘托气氛，调整画面的节奏。用线和用色与建筑设计的风格一致，或严谨或粗狂，图面布局应聚散适宜，疏密有致，表现出应有的建筑品质（见图6-3）。

## 二　版面形式感

建筑手绘设计是核心表现，是建筑形式、设计内容与手绘表现形式的有机结合，强强联合体现出设计师的高水平。版面虽小乾坤大，排版的方向、图形、大小和色彩的韵味具有一定的视觉效果，版面设计到位能够支撑该项目的设计思想。比如通过

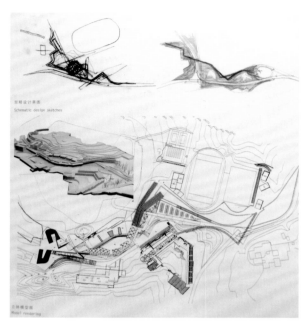

■　图6-2　西班牙维哥大学校园（钢笔、彩铅、模型）
EMBT 建筑协会 1999 年

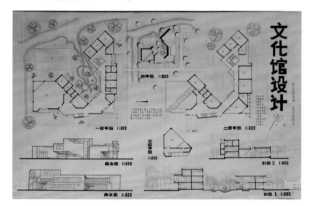

■　图6-3　学生设计作业（钢笔、彩铅）秦洛峰 1989 年

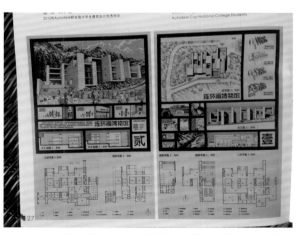

■　图6-4　学生设计作业（钢笔、铅笔）饶铮（三年级）
2010 年

水珠、水泡和海浪这些水的符号，加强临水建筑设计的形式美感，将其横向排版和斜向流线型排版的表现，选择蓝绿色调强化水的形象；排版的形式与色彩有机结合，充分表现临水建筑在图画上的视觉效果。如果是山体建筑设计，借山体形象——线面和色彩，通过山体图形符号及树林等形象，力求山体建筑设计的形式与内容高度统一（见图6-4和图6-5）。

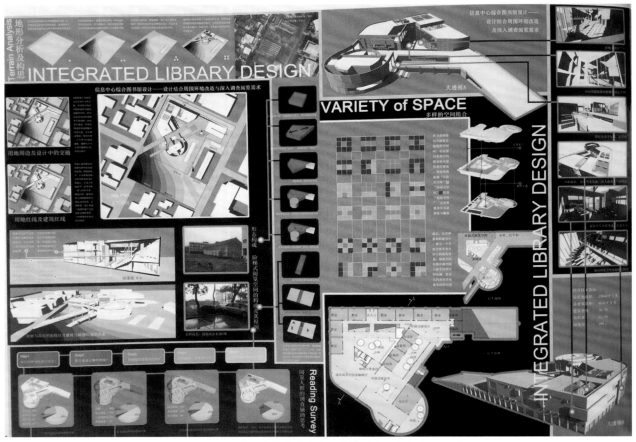

■ 图6-5　学生设计作业（电脑）勾斯唯（二年级）2010年

（一）平面图排版

平面图自身的结构并不复杂，徒手钢笔线条沿着铅笔草稿描画一遍，钢笔线条无力度转换，用笔略"颤抖"，线条松驰。平面图外围的图底上，一般用马克笔、彩铅或水彩为图底上色，与白色平面图形成对比。底色为冷暖色均可，色彩的纯度不宜过高，与版面及效果图形成和谐统一的色调。明度以亮灰色调为宜，过亮起不到衬托平面图的效果，过暗的底色与平面图对比太显眼，导致平面图过分突出，从而破坏整体的统一性，有局部零碎之感。

双层平面图有错层和对称排版。错层排版应避免线条过多的穿插，导致线条互相干扰、模糊整体效果的情况。对称排版的画面比较干净，但是要注意局部与整体的节奏感和距离感，如果每组大小尺度比较平均，不能做到重点突出，画面就会缺少变化，排版呆滞没有趣味，更不用说画面排版的艺术美感和生动效果了（见图6-6）。

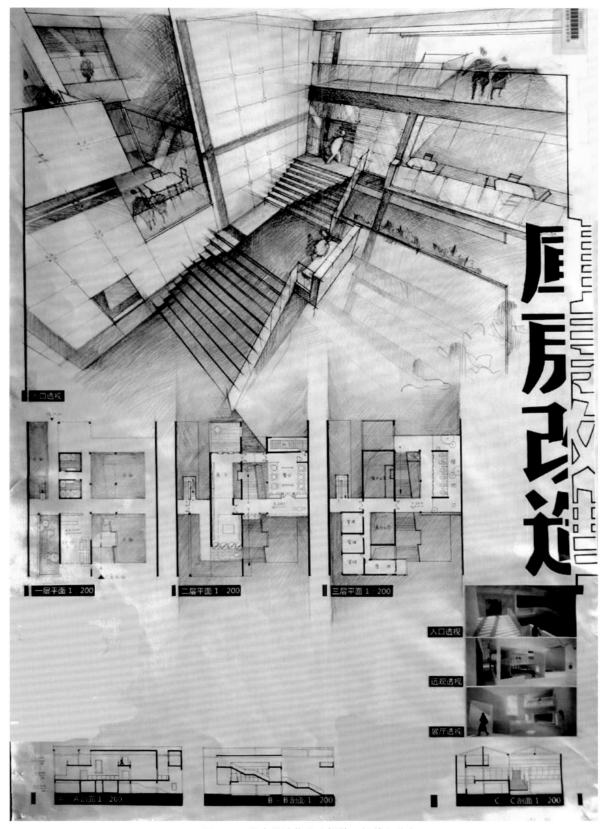

■ 图 6-6　学生设计作业（钢笔、铅笔）佚名

（二）平面图与版面的节奏感

平面图在版面的设计中首先需要确认位置的摆放，其次设计一种颜色衬托平面图的形体结构，明度和纯度适宜的底色比较重要。如何选择的颜色？第一，色彩的明度太淡了不能衬托平面图，太暗了又怕平面图在画面中太突出，破坏平面图与周边整体的效果。第二，颜色的纯度应考虑色块与图底的关系，过高的纯度导致平面图与周边关系不协调，纯度太低的颜色，平面图与整体图面缺少色彩对比，失去平面图的色彩形象。平面图并非是设计的中心，通常使用纯度适中或低的颜色。第三，如果冷暖色调反差较大，会破坏整体效果。图6-7在处理画面效果时比较到位，展示出了设计师较好的处理技巧。

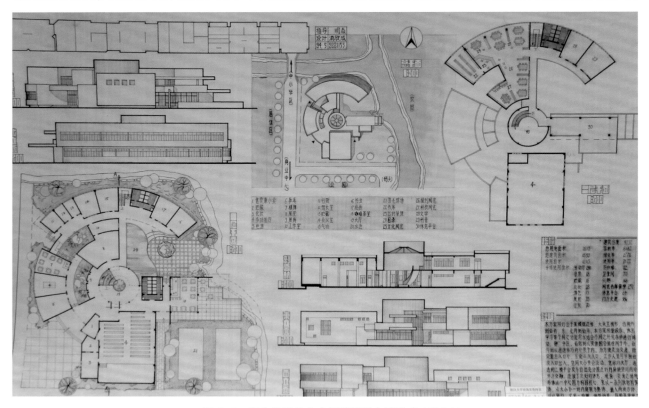

■ 图6-7　学生设计作业（钢笔淡彩）浦欣成 1990 年

（三）剖立面处理

1 剖面图

简单地绘制一张剖面图是不够的，应该从最有趣的、复杂的或特殊的平面部分绘制，并用来阐述从平面图上不能理解的建筑问题。剖面图画法相对简单，一般采用框架结构，主要元素就是板、梁、柱。板可直接用粗线画出。另外要特别注意室内外高差的表示和屋顶女儿墙处的画法，避免剖立面图随意摆放，出现零乱和琐碎的感觉。横向的版面画上连绵起伏的树群和山形，与建筑剖立面形成一道靓丽的风景线，画面体现整体设计的视觉效果。

在建筑快题设计中，剖立面在整幅画面中虽然不算主角，但它所占版面的位置和色彩也无须强调，从它与多幅设计图的方向、大小、色彩考虑，通常横向展开在画面的顶端或底端，其重点是两图之间通过绿植与山景有机相连。树、灌木和山体结构用点线面的形式穿插在一起，树通常表现为装饰感的树枝造型，既有低于建筑物的球形灌木，也有高于建筑物的树和山体造型（见图6-8）。

2 立面图

立面设计是建筑物的外观"脸面"，重要性不言而喻。就表现而言，由于立面反映的是纵向关系的平面投影，需要运用等级不同的线条，在立面二维投影上表达出空间的纵深关系。相对平面而言，立面的分合线多且容易混淆。所以，应注意以下几点：

（1）线型选择

立面绘制，首先应关注线型，可分为粗线、中粗线、细线。粗线多用于建筑物立面的外轮廓线和地面线。中粗线多用于形体投影重叠部分的前后关系。细线多用于立面细部的表达。

（2）虚实变化

分析建筑外立面，可简要概括为墙和窗两大体系。单纯窗的结构线较为单薄，容易淹没在立面表现中，不能有效地传达设计信息，因此重点用色块填充加以区分，用浅色马克笔或彩铅添加色彩，用中粗线强化门窗外框结构，用粗笔添加门窗洞门阴影。

根据体量前后关系作出阴影，表达出体量的前后相对位置关系。第一，要求显示出虚实对比的关系，以及体量的凹凸与削减，体现材料的质感，还要具有一定的含义，表现一定的个性。第二，立面应突出片墙、框架、格栅、遮光板以及各式的窗，突出门头、雨棚、檐口等细部的设计与重点勾画。第三，立面要求标注檐口标高或标高总尺寸。

（四）总图

总图占版面不大，注重总图整体外观造型，表现过程中应注意以下几点：第一，根据总图构思，先画出基地轮廓周边道路及建筑外形，建筑形体轮廓用双线表示，并简要画出基地环境。第二，用投影强调建筑屋顶外轮廓，表现出建筑体量之间的相互关系，使图面效果显得精神。第三，刻画地面及周边环境，尺规与徒手相结合，深入塑造细节，加强投影的明暗对比，赋予总图雕塑般的体块感（见图6-7至图6-9）。

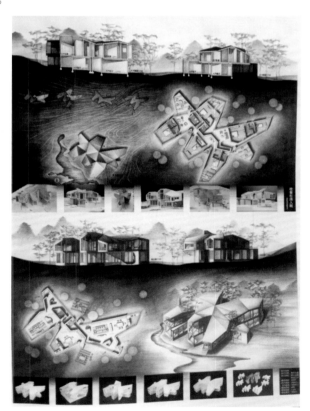

■ 图6-8 学生设计作业（电脑）杨丁亮（二年级）2009年

■ 图6-9学生设计作业（电脑）蒋兰兰（五年级）2010年

---------------------------- ◄ **第二节　效果图** ► ----------------------------

　　效果图是快题设计的重点。方案设计中全面考虑建筑所在的位置、地形、气候、建筑材料、体量大小和造型语言，它是诸多设计要点综合在一起形成画面的视觉形象。如何利用版面的空间，采用哪种表现形式，是考查设计师基本功的关键。效果图具有戏剧性的表现力，吸人眼球的效果图给建筑设计戴上了光环。从最佳的视角看建筑设计，既能提升手绘的品质，又能体现建筑的设计方案，可谓一石二鸟。效果图选择的角度无外乎常用的三种透视——平行、成角和三点透视。

▶ **一　成角透视**

　　为了强调建筑丰富多变的立面造型，选择一点或两点透视，尤其是略带仰视的两点透视表现更好。如果建筑的体量不大，为了更好地彰显建筑设计效果，建议采用仰视角度更大的三点透视，这样的视角夸大了建筑物的视觉形象。在仰视的建筑效果图中，重难点是透视空间，建筑的结构、造型、材料是表现的重点，比如墙体立面和门窗立柱的明暗及色彩关系、建筑的结构造型和材质塑造等。特别是常用的建筑材料一定要熟悉，表现玻璃门窗、钢结构、混水墙等材料时要准确和快速，还有就是建筑空间和环境的艺术处理。从成角透视的角度来看，建筑墙体有两个立面，为了表现建筑具有立体空间感，需要加强墙体两个立面的明暗对比关系，产生戏剧性的光照，深入塑造视觉中心的立面。初学者缺少表现建筑光感的经验，往往导致色彩的关系比较平均，画面中暗部色彩不够暗造成受光部亮不起来，直接影响画面空间透视等效果。

## 二 鸟瞰图

在建筑效果图中，鸟瞰图是常用的透视图，它的视角由上至下，也叫俯视图。现代来讲，效果图是通过计算机三维仿真技术来模拟真实环境的高仿真虚拟图片。从建筑、工业等细分行业来看，效果图的主要功能是将平面的图纸 三维化、仿真化，通过高仿真的制作，来检查设计方案的细微瑕疵或进行项目方案修改的推敲。建筑鸟瞰图是建筑手绘中极具表现力的一种效果图形式，建筑的整体感强，建筑结构与空间宏伟壮观，建筑的造型一目了然，表现的重难点在于建筑透视与整体的虚实处理（见图 6-10）。

效果图像魔术般绘声绘色地把设计师的梦想摆在你的眼前，手绘的建筑效果图有别于电脑

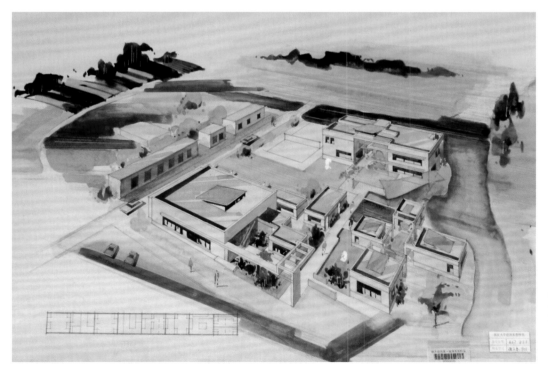

■ 图 6-10 学生
设计作业（水彩）
张天乐（三年级）
1990 年

3Dmax，在二维的画纸上栩栩如生地展现出建筑的立体空间，具有绘画的艺术性。早些年，建筑效果图的优劣事关甲方审核能否顺利通过。建筑手绘效果图较严谨，用尺规画效果图线条能较好传达建筑的力度和体量，但如果建筑空间和环境过于严谨，有时也难免变成刻板。为了规避效果图刻板问题，在绿植和建筑环境中画松一些线条和色彩，使画面张弛有度，用紧松结合的方法表现不同的结构和材质，力求建筑和环境的虚实对比合理。如果钢笔手绘技巧比较熟练，用奔放、粗狂的风格表现一定让人刮目相看，特别是考研时，线条容易拘谨，如果大胆放开来画，就能让建筑效果图充分发挥手绘的艺术效果（见图6-11）。

■ 图6-11　North Park 市镇中心总体方案（马克笔）D . 哈蒙

----------------------◀ **第三节　美术功底与设计作业** ▶----------------------

随着中国城市化进程的深入，房地产业如火如荼地发展。近些年许多有志成为建筑设计师的优秀高中生报考建筑系。从每年入系的生源来看，他们大多造型基础薄弱，与建筑设计师的要求有差距。如何从断层式的美育现状对接建筑设计相关课程，这是美术教师和设计教师必须面对的棘手问题。

尽管考虑到大家没有美术基础，务必从审美和美术基础抓起，但是要在短短的两年之内完成建筑美术所有的课程，跟上建筑设计和绘图作业的要求，美术教师所承担的教学任务非常艰巨。教师们既要考虑基础性的大类课程，又要从建筑设计专业角度出发，让建筑美术从视觉感受、审美特点和风格变化上帮助学生建立切实有效的手绘基础，并且在长远的职业发展上有较好的发挥，学用结合提高自身的艺术修养，并为学生打造坚实的造型基础。

## 一 画面格调

建筑设计过程从接到任务书到建筑立起来像"盲人摸象"一般，精神层面更像"十月怀胎"，整个过程环环相扣，建筑思想贯穿哲学和美学领域，理性与感性交替攀升。思考过渡到图面是一个华丽的转身，图面效果集中了设计师的设计才能。在这一环节，设计师的审美品格受到极大的考验和挑战。因此，想得到优秀的设计效果需要设计师长期不懈地学习和积累，包括建筑本专业的设计和与此相关知识的学习与积累。在建筑领域中有许多富有哲学思想和艺术才华的设计师，他们的绘画技巧很精湛，音乐修养和生活品位很高，其作品具有高尚的人格魅力。希望学生们能够重视设计精神与画面格调的培育。格调具有抽象的含义，反映在图面中是看得到的有形有色，它构成画面的形式美感、漂亮的线条、极具品位的色彩配置和兼工带写的虚实处理等。在图面的格调中不难发现设计师的用心良苦，如果失去技术层面的支持，格调难免就成了空中楼阁。

### （一）抽象性思维

听觉和视觉都具有抽象性思维，其中画面的视觉效果富有音乐的节奏感和韵律感。现代建筑中借用百叶窗的线条构造元素，赋予建筑韵律之美感。我们经常在音乐中冥想画面，从贝多芬与德彪西的月光作品汲取营养，通过贝多芬三连音的《月光》享受寂静的夜晚，联想德彪西《月光》下斑斓的色彩，视听效果相得益彰。音乐与美术中许多相互作用的抽象思维给我们以不少的启示，如果生活中细心地观察和倾听，有助于在建筑设计与表现时用抽象的思维解决具体的画面效果。比如在画面色彩处理时，分别对秋阳色彩的壮丽与春天色彩的秀丽进行联想，借春秋色彩差异的抽象思维，提高画面色彩不同冷暖的精神品质。

图 6-12 画面以蓝色为基调，用纯度和明度不同的多种蓝色，交代画面中各功能图结构，色彩呈现秀丽端庄秀丽之美，左下角与底面形成两个深色的三角图形，外围由深至浅的围合，形成色块与图面交错，整个构图富有动感。

### （二）扩散性思维

建筑设计与手绘具有扩散性思维的特点，在 0 号和 1 号图版上既需要安排不同的功能图，又要注意主次虚实的层次处理，图与图之间存在图形差异多变的问题，如何达到结构主次的平衡，最大化和最巧妙地利用画面的结构分布，画面空间的"家庭套装"合情合理。如图 6-20 所示先拟订画面整体结构的形式感，确定"酷"和"力量"的画面效果，寻找合适的线条和色彩的表现方式，再设计图形之间连接处相互"照应"的办法。诸多结构设计和表现涉及方方面面，大整体与小局部，像自己自导自演完成一部戏一样。对此，完成日常设计作业和手绘表现时要建立有条不紊的学习方法，坚持缜密的学习计划与临场发挥相结合，大胆设想与细心收拾相结合，勤动脑、勤观察与勤动手相结合，用心感受、体会和总结相结合，学习得法才能事半功倍。

## 二　图面效果

画面的整体性和丰富性是矛盾体的两个方面，也是初学者在建筑美术学习中容易出现的问题。如果学习建筑美术没有建立整体思维的观念，那么学习的进程或多或少会受到影响。正如一篇文章只有一个中心思想一样，一幅画也应只有一个主体，如果想法太多，图面不分主次和虚实，图形和图底的色彩相互之间没有形成良好的互动和照应，画面就会出现"群龙无首"的凌乱感。

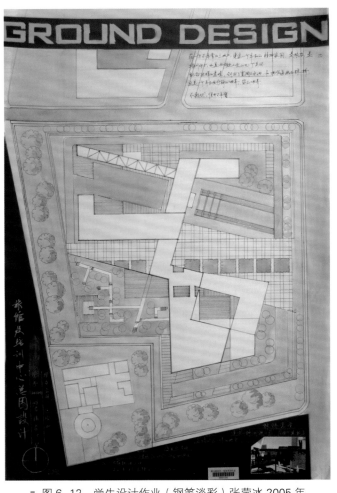

■ 图 6-12　学生设计作业（钢笔淡彩）张莹冰 2005 年

### （一）图形与图底

同一幅画面中的图形与图底之间存在大与小、曲与直、刚与柔、浓与淡等差异，需要统筹考虑。由于版面受限制，所以明确各自的主次关系和空间作用十分必要。比如，中国人物画中常常采用虚拟的办法，皇帝与周边大臣和丫鬟出现在同一画面时，放大皇帝的比例尺度示意虚实的变化；戏剧舞台上，用服装、站位和灯光效果分别强调戏剧人物之间的关系，主角形象在舞台上色彩和气质光鲜照人、力压群芳。设计作业一样，也可以采用色彩的纯度和明度的对比，图形与图底之间或对比或统一，合理安排画面的视觉中心，力求"主谓宾"层次分明。图 6-13 采用徽派民居马头墙的形式语言作图面整体的分割，数图以黑白图形与图底强对比的手法，又垂直与斜角互为衬托，并借中式传统元素的表现力，因而极具时尚效果。图 6-14 绿化带经黄色彩铅的修饰，细节刻画不多，但是效果生动。画面从经营到完成，充分体现"四两拨千斤"的艺术效果。

### （二）色块的节奏感

单色的图形靠素描明度的层次区别画面中的图形位置，加入色彩可快速提高画面的表现力，但是色彩的整体感觉需要设计师的色彩修养，如果怕画面不整体不敢使用颜色，那么往往画面缺失生气；反之，为了丰富画面的色彩效果过度使用色彩，又会产生"花"乱"不整齐的弊病。因此处理画面色彩效果时，首先确定画面主体部分的色调，随后确定辅助色块与主色调的关系，或协调或对比。协调比较容易，掌握对比的程度比较难，是整体与局部的大对比还是局部之间的对比，哪些是强对比，哪些是弱对比，这就是色块在图面中的节奏感。它关系到画面的基调、风格和整体效果。图6-14以粉红色为主体色彩形象，淡黄色的植物带相间淡紫和橙红色映衬白色的平面图，主体结构造型富有层次，特别在深灰色的对比下，粉红色犹如少女美好的形象，婉转的曲线略带女性特质的色彩感觉，像歌曲《粉红色的回忆》萦绕耳畔。图面中成功把握了色块的节奏感，为画面增添不少甜美和浪漫的色彩情怀。

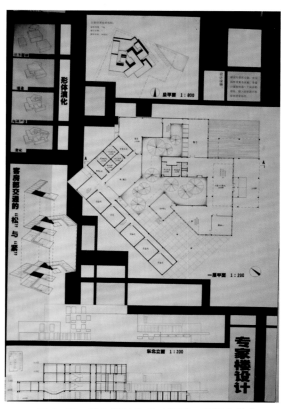

■ 图6-13　学生设计作业（钢笔、彩铅）佚名

■ 图6-14　学生建筑设计作业（钢笔淡彩）王小鹏

## 三　模型

　　从建筑的设计方案到建筑模型是一个崭新的飞跃。建筑设计从维度上讲，再好的图面只是平面的视觉效果，它无法替代建筑三维空间所展示的立体形象。对此，建筑模型是空间展示最好的办法，它像试金石一般检验图面设计是否经得起考验。建筑设计专业低年级的同学对建筑空间与体量的尺度把

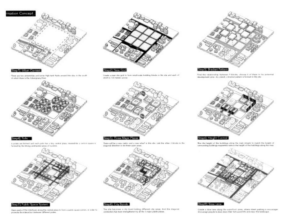

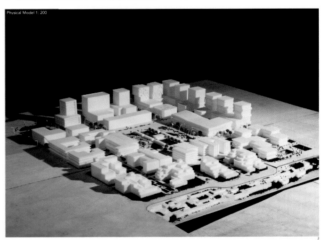

■　图6-15　城邦 郑直（四年级哈佛研一在读）2017年

握不够精准，难免设计方案与真实存在较大的差异，初学者可以多次在设计方案与模型制作中慢慢体会。

　　掌握建筑与环境的尺度非常重要，在校学习设计期间要足够重视。中国大城市存在单一功能的超大尺度街区，如杭州、上海。因为功能的单一以及街道设计完全不符合人的尺度，人在这样的街区中的体验非常不好。因此需要设计适宜人生活的小尺度街区，当前已经有许多国家的城市将小尺度街区、开放社区作为一种城市策略来改善城市环境。杭州西部科创大走廊有大量的工业园区与居住区以及大学校区，但因为街区尺度巨大、大量片区尚未开发、商业中心缺乏，导致城市活力度低，对市民没有吸引力。图 6-15 这个不错的方案是郑直同学的一次专题化设计作业，他以小尺度混合社区为出发点，探讨如何用更加具体的设计策略与手段创造更适宜人工作和生活的未来产业园区，为工作的员工提供更好的环境与条件，同时吸引更多的城市人群来激发园区的活力。

### （一）从方案到初模

#### 1 调研

　　面对一份陌生的任务书时，通常有无从下手的感觉。设计思路是建立在前期大量的调研基础上的，包括分析社会背景、场地、环境、交通，更重要的是人文要素的分析，比如情感、生态、文化、现实问题等都可能成为设计立意的切入点。形式和功能是贯穿设计的两条思路。一个成熟的设计既要有让人印象深刻的表现形式，又要理顺功能流线组织。然而在学生阶段，同时做到这两点比较吃力，往往陷入顾此失彼的窘境。因此，在设计前期应确定在该设计中形式和功能哪个更重要，在精力有限的条件下应有所侧重。总图作为设计中最重要的一张图，在我看来能决定设计的成败。因为总图包含的信息量巨大，包括建筑选址、人流、交通、建筑与环境关系、建筑造型等，因此从总图入手构思设计，能不断提醒自己要有全局观，而不是只盯着建筑部分（见图 6-16）。

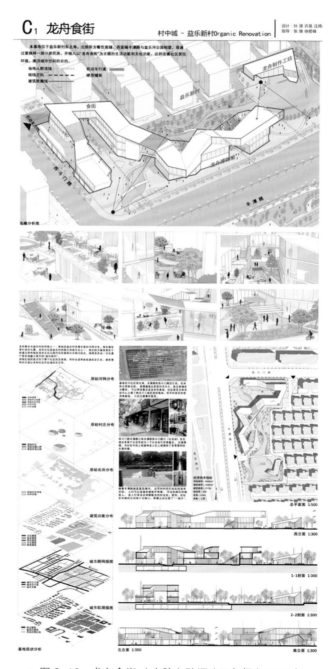

■ 图 6-16　龙舟食街（电脑）孙源（三年级）2018 年

### 2 粗糙的模型

在设计过程中，草模能帮助理顺思路或者提供灵感。因此，当才思枯竭的时候不妨停下笔动动手，放松紧绷的神经。同时，选择不同的模型材料对设计影响很大，例如纸片适合空间分割，泡沫适合具有提亮感的建筑，以及材质的软硬、颜色……然而，草模无须过度追求精致程度和完成度，应明确其作用不是展示。

### （二）建模

建模的精细程度决定了图纸的深度，制图的正确与否体现了专业知识的扎实程度。良好的图面效果能抓住观众的眼球，就像面容姣好的女生容易吸引男生注意一样。因此，绘图能力培养和美感训练也很重要，朴素扎实的线稿同样具有不俗的表现力。成果模型的制作可以激光切割、3D 打印、纯手工等，它们之间没有孰是孰非，但应把握的原则是模型整体素雅，以抽象化的表达为主，避免过多的材质和花里胡哨（见图6-17）。

■ 图6-17　学生模型作业 佚名

图 6-18 至图 6-20 的作者是近年来留学国外著名大学的我系毕业生，他们在校期间美术和设计都不错，在此与我们分享不同教育背景下的设计思想。图6-18本设计课的初衷是希望从设计细部出发，逐渐放大成一个完整的建筑。我们往往都是从建筑层面做到细部层面，为了设计的统一性，建筑层面的逻辑往往被转译到建筑的细部设计。而此设计课是反其道而行，设计从细部设计出发，并且认为细部尺度的设计概念可以被放大并应用到大尺度的建筑设计层面。设计课一开始从设计一个物体出发，通过"镶嵌"这一手法，探讨语义上的概念，但概念必须具有哲学层面逻辑的连贯性以及被几何转译的可能性。比如"相反"这一最本源的语义概念，具体到几何上，可以用建筑语言翻译成互相嵌套的几何形；又如"连贯"这一想法，可以被转译成三维上材料的连续。此设计是组队设计，设计和制作都很耗时耗力。图6-18 中的木构物体采用了复杂的木材 CNC 技术、3D 打印以及一些特殊的后加工处理技术。具体到此的设计概念，采用了"相反"这一最本源的语义概念，客体可以被镶嵌到主体上，但是客体内部如果再镶嵌一个与主体材料一致的物体，那么这个被二次镶嵌的"主体"可以被看做客体的客体。主体和客体之间就发生了一次互置，同时也很难准确定义谁是主，谁是客了。在细部层面，楼梯可以看作客体，被镶嵌到墙体这个主体上，但是楼梯本身的扶手内

也被镶嵌了和墙体同种材料的物体，此时，楼梯本身也是主体，因为材料的一致性，被镶嵌到扶手的物体就像是墙体的一部分，这部分"墙体"被置换为楼梯的客体，主客再次互置。当我们进入建筑空间层面，整个被镶嵌到主建筑体量内的空间就像是一个腔，可以被看做客体，但是这个腔内，具有几个贯穿的楼梯，这几个楼梯可以被看做客体的客体。与此同时，建筑本身又被镶嵌到更大体量的基地内，这个主体也可以被看做是大地的客体。谁是主、谁是客，这个主客分界线再次被模糊了。

西湖畔的昭庆寺承载着杭州多年来的宗教历史和文化气韵，可惜于 20 世纪逐渐衰落以至于近年来几乎完全拆除。可是，在走访中设计者发现，人们对于昭庆寺的怀念以及宗教集市和聚会节日的念想并不曾减弱，因此设计者希望从时间和空间的轴线出发，让昭庆寺重新回归到杭州市民的生活中来，实现一个古典寺庙的现代复兴（见图 6-19）。

制作建筑图纸时，作者较好地选用了冬季的佛家殿堂这样一种意象，通过冷色和暖色调的对比以及建筑材质的庄严性，希望塑造一种静谧、肃穆而又新古典的寺院。

历史进程进入 21 世纪，大量化生产（mass production）已渗透生活方方面面。随着诸如激光雕刻、3D 打印等新科技，或说至少是当下的流行科技手段的应用，生产过程变得越来越简单，这些技术应用于从日用品、家具甚至到建筑的大大小小各个尺度。当下，"宜家"式的设计得益于简单易得的特性、灵活多变的尺寸、变化

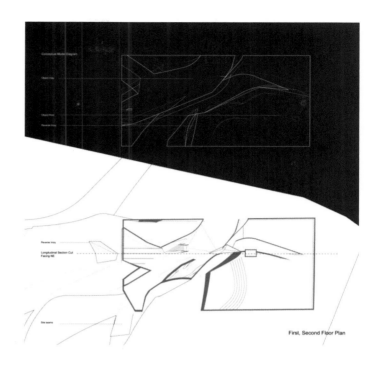

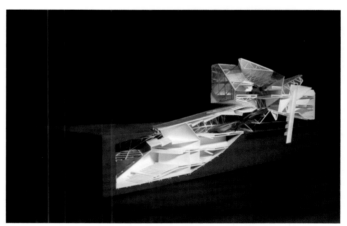

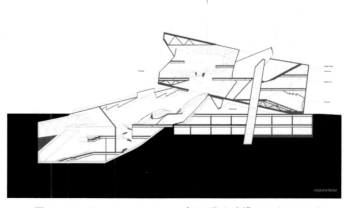

■ 图 6-18 In The Details Studio 郭迈弢（哈佛研三）2018 年

■ 图 6-19 杭州昭庆寺（电脑）孙继超（哈佛研一）2017 年

多样的颜色，更得益于物美价廉的优势，受到人们的追捧。然而，没有人希望自己拥有的只是与他人相似或者相同的物品，每个物件都被期望赋予独一无二、个性化、客制化的属性。使用者也希望参与到物品当初的设计环节之中，即使建筑工业也不例外。尤其是从城市这样更大的尺度思考，未来社会将如何回应居住者此般需求？怎样以媲美大量化生产的成本制造客制化产品？毋庸置疑，答案绝非可以轻易获得，然而模数化（modular）的建筑组件将在寻找问题的过程中起到巨大作用。本设计构想采用以水泥为主的传统建筑材料，设计使用新的建筑构件生产流程和现场装配方式，让建筑大量客制化（mass customization）成为解决 21 世纪社会需求的方法。火山绿洲（volcano oasis）面对城市住房短缺，为城市构想以串联 18 平方米（XS）到 144 平方米（XL）居住单元为主的综合功能建筑类型，建筑过程注重居住者在建筑构件生产以及建筑营建过程中的客制化需求，居住者可根据自身要求定制自己的理想居住单元。借助所设计的数字化可控 3D 混凝土压制机生产的可拼装式曲面混凝土板建筑外壳，为居住者提供自然景观式的绿地，同时该结构亦可收集和储存雨水并在处理后供居住者使用。其结构形态亦应答受噪声干扰的场地条件，为居住者提供声学保护（见图 6-20）。

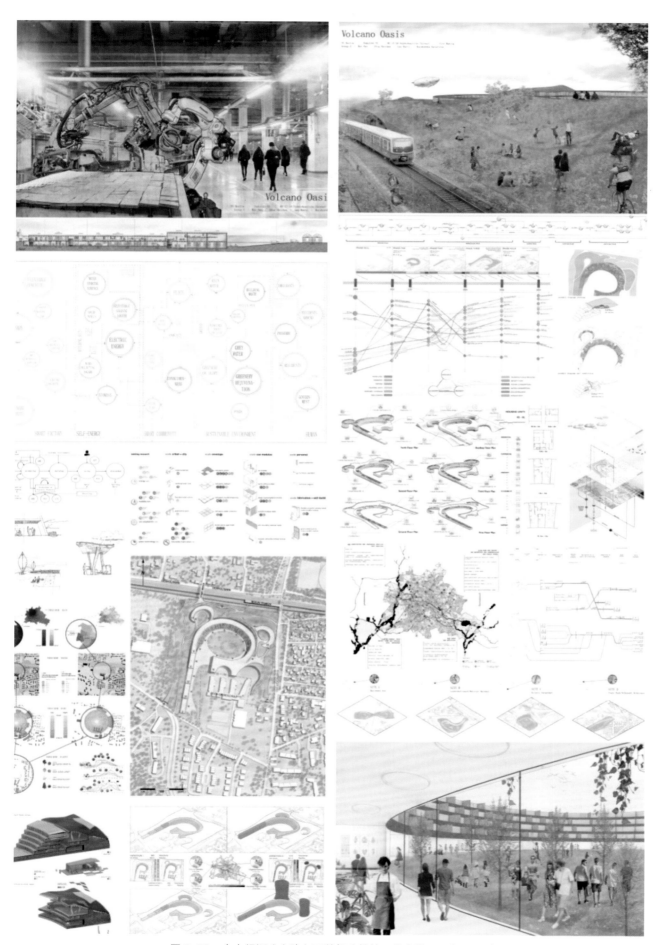

■ 图 6-20　火山绿洲（电脑）丁慧超（柏林工业大学研一）2017 年

# 第七章

# 建筑手绘风格 ◀

满足建筑的各项功能是设计的首要任务，但是建筑并非只是一个简单的"庇护所"，它具有审美的属性，需要建筑设计师强大的设计意识和技术，手绘表现风格与建筑的形式感吻合同样重要。建筑手绘的风格与纯绘画相似，表现风格上有典雅、有奔放等区别。建筑手绘的效果图是作者大脑风暴最终的呈现，涵盖建筑设计的方方面面，包括造型、材料、体量、空间和环境。

建筑手绘训练一般经过两个阶段。初级阶段严谨为好，通过临摹德国、俄罗斯和日本的建筑手绘中严谨的表现风格，无论是建筑结构的塑造还是环境空间的表现，一丝不苟，掌握手绘线条和色彩扎实的的基本功。为进入高级阶段奠定基础。高级阶段的手绘以彰显个性为主，表现风格在教师倡导下逐步形成。由于受限于美术基本功，开始以模仿自己较喜欢的类型为主，逐渐融入自己"消化"过的笔触和色调等，讲究原创的表现和风格。在这一阶段需要不断丰富自己，逐步建立排他性意识，完善手绘的自我体系，不再随波逐流，一切听从内心召唤。值得警惕的是，不要盲目跟风，为了成绩过分追求老师喜欢的风格。目前社会上的考研机构的教学方法是团体操式的训练，其表现建筑手绘变得程序化，雷同的风格与当代青年追求独立自我的个性发展背道而驰，与建筑设计背道而驰，希望有志于成为建筑设计师的同学保持警惕。

图7-1的流水别墅是大师莱特的作品，效果图中无疑建筑是主体，画面在处理建筑结构时选择"收"，建筑立面的墙体和楼板通过光影、材质的塑造，画面很快呈现出建筑的结构和空间。与建筑接壤的绿植、水流和山体等配景，需要"放"的效果，既要表现树木、瀑布等形象，又不要用力过猛，毕竟建筑四周是配景，衬托建筑后用笔和用色逐渐松开，寥寥数笔，点到为止。

图7-2这幅建筑素描，用全因素的表现方法，栩栩如生地展现楼梯的空间效果。作者采用流线型的画面布局，光线设计在上方，中间休息台的光亮度最强，与台阶和扶手的黑色形成强对比，突出画面的视觉中心。在细节刻画上，较深入地塑造铁艺、墙面、大理石台阶、地毯等不同材料的质感。

图 7-3 是美国著名建筑手绘画家 R. 拉德克画的建筑效果图。画面中用马克笔、彩色铅笔和水粉颜料较好地处理了建筑空间和质感，特别是三点透视的角度表现了建筑高度和体量，建筑 45° 转角处与蓝天白云的处理，让建筑的气势更加壮观，建筑立面受光的左面表现蓝色天空和建筑投影，右面则处理背光中的玻璃强烈的反光和建筑投影。与虚处理的一层结构相比，简洁明快的绿植与人物起到点缀建筑环境的作用。

有色纸张中有淡的也有深的，冷暖色调不同，在有色纸上建筑手绘容易取得画面整体的效果。图 7-4 是画在土黄颜色较深的有色纸上，作为建筑背光部的色彩，受光的墙体、天空、灯光以及水面再用色粉笔之类不透明的颜料覆盖，檐下和门窗投影用马克笔塑造。较细的线条用彩铅勾勒。整幅作品光感十足，色彩富丽，建筑结构和空间环境逐一表现，屋顶、墙立面、门窗的造型表现轻松明快，人物惟妙惟肖。

图 7-5 是一幅钢笔淡彩的建筑手绘。画中用钢笔组织疏密不同的线条，表现前后不同空间和造型的 3 个建筑物，画面中间的主体建筑线条层次丰富，深入刻画了建筑立面的细节，光感和质感表达充分。用色较钢笔线条粗狂，蓝天白云水彩韵味十足，草地与树丛用不同

■ 图 7-1　流水别墅（钢笔、马克笔）傅东黎 2016 年

■ 图 7-2　室内楼梯（石墨）玛丽妮娜

绿色表现光影下的绿植效果。用笔用色紧松结合，呈现轻松自如的建筑手绘风格。

艺术的生命源自原创的个性，追求风格并不是说越怪异就越好。特别是基于目前国内的建筑手绘而言，在造型基本功力扎实的前提之上提倡原创性是不容忽视的问题。建筑手绘从画具的选用到用笔用色，再到个性化处理，经过多年的积累和研究，不断地完善，逐步形成自己原创的手绘风格，是建筑手绘发展的趋势。正像有人借规尺追求一丝不苟的画风，也有人用徒手夸张的手法，画出奔放、慵懒和洒脱的线条；色彩上有追求典雅和恬静的，也有追求浓郁和华丽的。只要是独特的个性语言都应该值得倡导和鼓励（见图7-6）。

个性语言的寻求并非一两天的工夫就可以得到，每天一变也未必不是好事，质变和量变交替有个过程，风格的形成花得时间有长短，相信通过自己不懈努力后会取得成功。

■ 图7-3 丹佛市办公大楼（钢笔、马克笔、彩铅、水粉）R.拉德克

规尺画的线稿比较挺直，几十厘米的长线条徒手难以画好，小于20厘米的线条徒手控制不是特别困难，由于徒手拉出来的线条较规尺的丰富，线稿的风格富有变化，尤其是画粗狂风格的更是如此。线稿一般由铅笔草稿和钢笔定稿两部分组成，铅笔草稿是基础，

■ 图7-4 主题公园构想——维纳斯街景（马克笔、彩色墨水、水粉）B.麦卡伦

■ 图7-5 私人银行（钢笔、马克笔）R.麦加里 G.马德森

■ 图 7-6　玻璃幕墙表现（钢笔、马克笔）傅东黎 2016 年

准确地完成建筑的透视和比例是关键，为钢笔或针管笔的定稿奠定基础。钢笔勾线时手腕和手指的控制能力要强，线条表现结构和形体力求清晰完整。较长的线条可以借助规尺，徒手画的线条靠用笔的力度变化，比如起笔和收笔有"软着陆""颤抖""顿挫"式的变化，由轻到重地运笔方法等。

◀ 第一节　奔放型 ▶

线条的表现语言具有即兴发挥的一面，作者早晚的性情不同，手绘的表现方法也会变化，热血的心情难以画出平静的线条，没有激情的状态下也无法表现奔放的笔触。

▶ 笔触

建筑手绘的用笔大致分软硬两类。第一，硬笔类的用笔，比如铅笔、钢笔、针管笔和马克笔等（见图7-7和图7-8）。这类硬笔的运笔力度变化比较大，如果加强用笔的轻重缓急，笔触效果更加明显。第二，软笔类的用笔，比如圆头的毛笔、扁平的水彩水粉笔等。图7-9中软笔的面积比较大，着地的面积相较于硬笔大许多，运笔的变化比较丰富。

图7-7是世界著名建筑大师马西米利亚诺·福克萨斯的手绘作品，画面上浓郁的色彩和奔放不羁的笔触，表现出设计师建筑手绘很高的艺术天赋。画中粗狂有力的钢笔线条，马克笔用笔用色跟进，画出的线条和浓郁的色彩交相辉映，画面极具个性的表现力，属于建筑

■ 图7-7　法国尼奥克斯洞（钢笔、马克笔）马西米利亚诺·福克萨斯 1993 年

■ 图7-8　洛城2015年马里布海滩（钢笔、马克笔）S.米德

手绘中典型的奔放风格。

图7-9这幅水彩画兼工带写的风格表现城市建筑风景，用暖色调把建筑、水面和环境统一起来，色彩明快，水面借水的反光把桥和建筑投影时隐时现地连接起来，川流不息的远近河流在婆娑的光影中闪烁，仿佛又回到秋冬那个暖暖午后。

如图7-10所示为城市街景，其在线稿阶段基本确定用笔用色的表现风格。大街两旁高耸着欧式建筑，人、车以及街边的商店灯光倒影在雨后的马路上，画面显得热闹非凡。为了能够体现这样的场景，笔触需要艺术夸张，不管是建筑还是路上人车的结构，线条与色彩都没有明确的轮廓，只要比例和透视基本正确即可，用笔用色和力度角度统一在大感觉中，呈现幻梦般的视觉形象。

■ 图7-9　意大利建筑（水彩）傅东黎 2016 年

■ 图7-10　城市街景（钢笔、马克笔）傅东黎 2016 年

## 二 运笔

　　画面的处理过程是一个收放的过程，体现作画的思路和审美情趣。当然，技术支撑关系到艺术表现的成败，技术层面来讲涉及造型和塑造能力。如果造型和塑造比较困难就会出现诸如透视比例的基础问题，这是初学者难以驾驭复杂建筑手绘原因之一。如果经过基础训练，这些基本功没有问题，但画面效果仍不如人意，那么往往是收放的经验不足，也就是整体处理能力不够扎实，预计、判断的能力还欠缺。对此，需要胆大心细地训练，收放的奥秘就在其中。初学者在训练中"收"容易做到，"放"不易做到，比如写生或照片资料处理的时候，往往缺少整体的观察和表现，容易被自然状态带入沟中，因为自然的色彩并不是绘画的色彩，它的光线没有明快的线条和色块。如果一味地模仿客观状态下的物像，无法达到素描和色彩的艺术空间，因此处理画面的时候需要主观与客观"对话"，善于"主动出击"改变眼前的真实世界，运用素描造型以及塑造的原理和技法大胆尝试，线条和色块要敢于放开，画面深入和调整阶段更是需要收放自如的把控能力。

　　美国画家文森特的建筑素描独具表现风格，他采用线面结合的宽铅笔素描技法，画面色调层次丰富，他能够熟练转换用笔的角度和力度，线面结合，整体与细节有虚实变化，建筑空间的效果简洁明快，具有视觉冲击力。图7-11这幅建筑素描，以门为视觉中心向左右展开画面，铅笔多层次地表现门窗及周边的墙体结构和材质，用高光留白、背光投影处理门窗和砖石，能取得较好的艺术效果。

　　图7-12这幅画的作者是一位旅美多年的建筑师，擅长钢笔与彩铅结合，收放自如地表现建筑与景观的场面。他是美国建筑画家协会的获奖会员。在这幅建筑手绘中颤抖的线条看似柔软，实则大胆却

■ 图7-11　建筑素描（铅笔）文森特

■ 图7-12　北美建筑表现风格（钢笔、彩铅）梁泽

毫无拘束之感，彩铅的用色冷暖对比强烈，建筑、环境、绿植和人物透视穿插在一起，其结构时而具体时而虚化处理，彩铅线条时而退晕时而留白，就像来去自如的风一样收放自如，画面体现出慵懒、活泼、欢快和热闹的表现风格。

## 第二节　严谨型

### 一　理性

建筑设计集科学与艺术于一体，建筑手绘的表现效果也体现其中。建筑手绘比纯绘画严谨许多，而严谨的建筑手绘体现在建筑造型和塑造中，严谨的造型需要手绘的画面接近于落地的建筑，包括建筑尺度、空间体量、色彩感觉。不只是停留在画面上比例和透视的问题，手绘中丰富的线条和色彩幻化成真实的建筑结构和空间，让设计成为现实（见图 7-13 和图 7-14）。

（a）

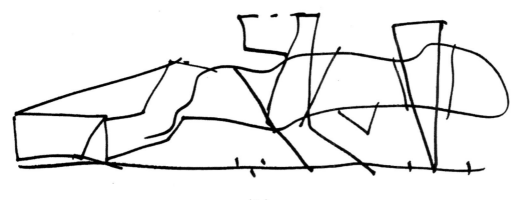

（b）

■ 图 7-13　法国里昂汇流博物馆（钢笔）库普·希姆尔伯 2001 年

图7-15石墙自上而下由深变浅，突出光影效果，受光的筒瓦在深灰的底色的衬托下显得更加立体。为了强调日式建筑的造型特点，画面采用黑白灰色块的装饰处理方法，强化建筑材料和形式感。

■ 图7-14　福斯特高中（钢笔、马克笔、彩铅）佐藤晃

图7-16这幅手绘钢笔线条和马克笔色块运用严谨的表现风格，线条勾画出建筑的结构和透视空间。钢笔较粗的线条交代建筑的外轮廓墙体，檐下、门窗洞和侧立面用马克笔土黄色和米色加以渲染，左边建筑用色对比大，中远景的建筑色块简约，突出建筑的空间感，大道中心喷水池在橙色围合中重点突出，大道两旁的绿化带与人物表现非常生动。天空从近到远处彩铅排笔依次递减，与整个画面透视浑然一体。

图7-17是早年美国一位建筑效果图的专业画家所画，他用铅笔、碳笔之类的素描画具表现建筑效果图非常出色，他的表现风格较多借用人工聚光灯效果，在建筑远近的空间中设计光源，或地面向上投射的光，或左右侧面投射的光，前景较多处理成完全背光的剪影，这样与明亮的聚光灯灯光形成鲜明的黑白对比，雕塑般的建筑与画面空间若仙境、梦幻一般，建筑手绘充满戏剧性的表现，大整体与小细节都非常精彩。

■ 图7-16　宾夕法尼亚大道（钢笔、马克笔、彩铅、丙烯）E.海因

■ 图 7-15　日本建筑（针管笔）傅东黎 1997 年

■ 图 7-17　大厦（铅笔）Hugh Ferriss 1921 年

## 二　时尚

在设计的形式语言里，时尚是永恒的主题。它带给大家美好的享受。建筑手绘中也是如此，时尚的表现风格既是综合能力的体现，又是年轻与先锋的舞台。时尚的建筑设计需要时尚的表现风格，时尚的手绘集独到的眼光及绘画技能于一身。就像好马配好鞍，手绘中的时尚风格，对于色彩配置和整体把控很关键，建筑材料和质感、整体造型和细节塑造同样重要，特别忌讳过多的颜色，导致画面杂乱。

图 7-20 到图 7-22 是学生建筑设计作业，从版式设计到线条和色彩处理属于极简主义风格，诸图的版面功能简洁明了，水平垂直的线条，淡雅的灰色块，精致的细节刻画，无不体现了同学们建筑设计和手绘表现的时尚品质。

■ 图 7-18　哥特式建筑（水彩）Gustav Luttgens

■ 图 7-19　会所（钢笔、彩铅）傅东黎 2016 年

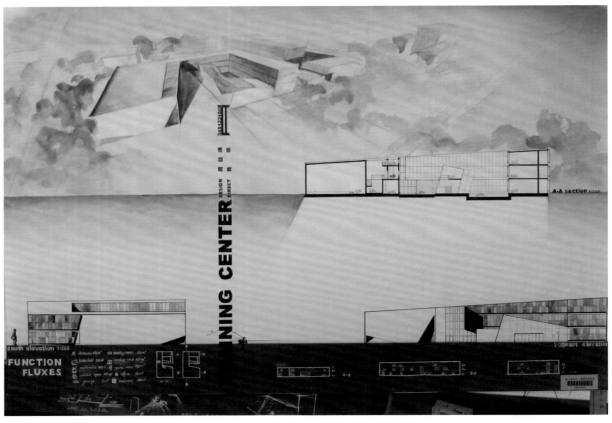

■ 图 7-20　学生建筑设计作业（钢笔淡彩）

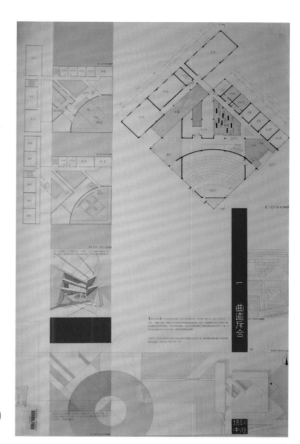

■ 图 7-21　学生设计作业（钢笔淡彩）

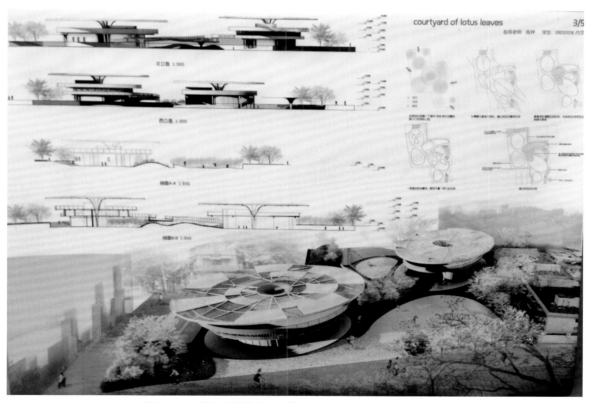

■ 图 7-22　学生设计作业（电脑）肖莎（五年级）2015 年

色彩具有与人共鸣的情感。比如红色的热力和庄严、蓝色的冷寂和开放、绿色的年轻和环保、橙色的甜美和食欲等。色彩不仅仅出现在画面中，它离不开我们日常的生活环境，也流露在手绘表现的风格中（见图 7-23 至图 7-25）。

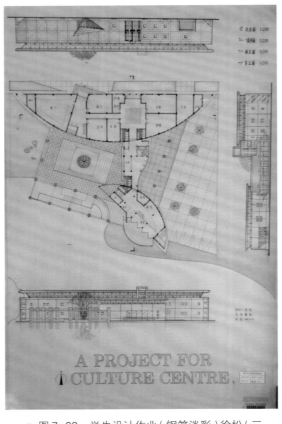

■ 图 7-23　学生设计作业（钢笔淡彩）徐松（三年级）1993 年

■ 图 7-24　建筑屋顶（马克笔）傅东黎 2016 年

## 一　色调营造

甜美风格来自画面给人的视觉效果，特别是色彩部分的感觉。进行建筑手绘之前，首先是确定画面的主色调。柔和、清新、纯洁的颜色是甜美的色调，这些色调以粉色为基调，局部带有鲜亮的颜色，这样的画面给人以甜美的色彩效果。图 7-24 中建筑屋顶和墙体选择较明亮的灰色和粉色。在绘制过程中，首先提亮暗部的颜色，去除整个画面的深色块，再用鲜亮的蓝色加强屋顶的纯度，让西式建筑充满甜美又浪漫的异域风情。

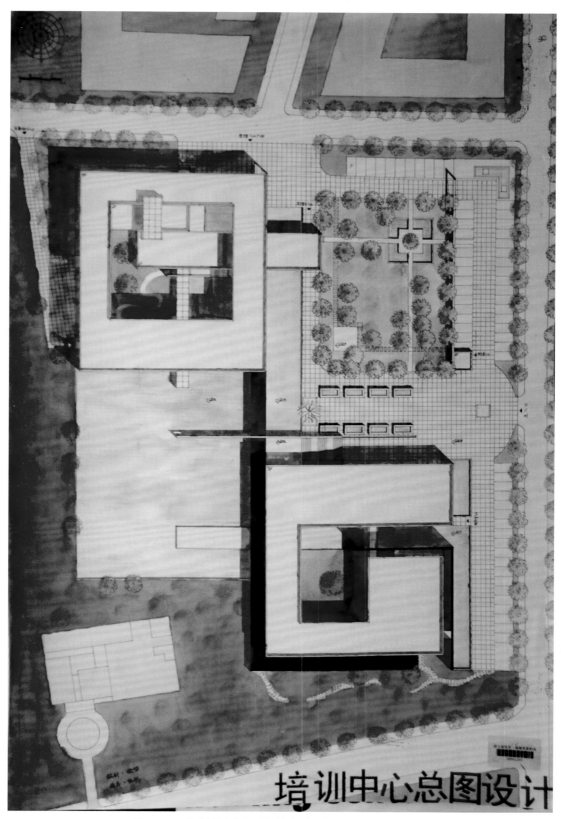

培训中心总图设计

■ 图 7-25　学生设计作业（钢笔淡彩）徐哲（三年级）2011 年

## 二 情趣

情趣来自作者的学识、爱好和情操等内心情志，有时肃静有时浓烈，建筑手绘中或多或少反映出作者的情趣与情绪。

当我们面对风景如画的场景时，会情不自禁地想留住眼前的一切，原因是情趣被调动起来了。面对美中不足的场景时，能否通过艺术加工得到修正呢？调动一下情趣和手绘技能就可以。在手绘过程中，有时不是缺少技巧而是缺乏情趣的调动，特别是手绘的中后期，画面难以出效果或者与设想不一致的时候，内心会波动甚至是挣扎，这样会影响技术的正常发挥。该如何面对这一切呢？第一，课余生活拓展对事物的兴趣和关注。比如建筑手绘中天与地的处理，平日多留意早晚天空中云彩的变化，仔细观察天边晚霞浸染建筑立面和大地的色彩效果，将漂亮的云霞成为画面亮点。手绘时在遇到画面缺少天地特色时，就会妙手回春。

建筑手绘靠感觉，比起眼睛的直觉，想象力更重要。调整阶段需要克服客观自然的束缚，天马行空大胆地想象，调整画面时而耐心地"收"时而大胆地"放"，既要耐心地画好每一笔，脚踏实地深入塑造画面，又要调动经验和激情，积极调动正能量的情绪，这远比消极、失望和等待更有价值和意义（见图7-26）。

■ 图7-26 城市建筑（钢笔、马克笔）傅东黎 2016 年

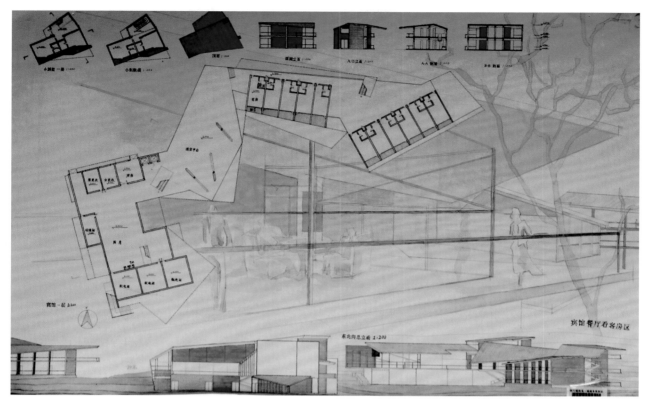

■ 图 7-27　学生设计作业（钢笔淡彩）佚名

目前城市里矗立起许多造型别致的现代建筑，给城市带来生机与活力。图 7-26 是流线型的建筑屋顶。玻璃幕墙具有丰富的立面造型，建筑与环境在光的作用下，富有层次变化的色彩，画面中蓝和绿的色调，马克笔表现清新又现代的城市建筑。图 7-27 和图 7-28 是一组学生的设计作业，画面以冷暖不同的灰色为基调。

图 7-27 中建筑各功能图的色彩与主色调较统一，画面更具柔美的色彩效果，由于加强局部与整体的色彩对比，画面中主要的功能图，漂亮的黄颜色，经过纯度的渐变和蓝绿色的处理，画面富有跳跃的色彩效果，局部与整体协调又有对比，显示作者较高的色彩修养。

图 7-29 是著名建筑设计师史蒂文·霍尔手绘的草图，大师级的设计草图的画面效果非常轻松。无论线条还是色彩，表现建筑空间的结构既准确又优美，简约的色块表达出设计的灵感。这类建筑手绘独具艺术魅力，值得提倡。

图 7-30 至图 7-33 是不同技法表现建筑风景的课件。图 7-30 是写生课上在校园里的写生作品，美工钢笔粗狂的线条打形，马克笔快速上色技法，为了画面的整体效果，加强建筑与水中倒影的色彩呼应。图 7-31 表现沐浴在晚霞中的建筑物外立面漂亮的色彩，与天边的彩霞相统一。图 7-33 是时间更晚一些的城市建筑风景，暮色下华灯初放的节点上，通过降低建筑的投影和纯度，彰显灯光照耀下城市建筑迷人的色彩。

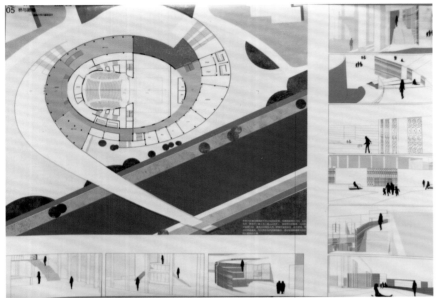

■ 图 7-28　学生设计作业
（电脑）佚名

■ 图 7-29　建筑设计草图
（水彩）史蒂文·霍尔

■ 图 7-30　浙江大学校园景
观（钢笔、马克笔）傅东黎
2016 年

■ 图 7-31 晚霞（钢笔、马克笔）傅东黎 2016 年

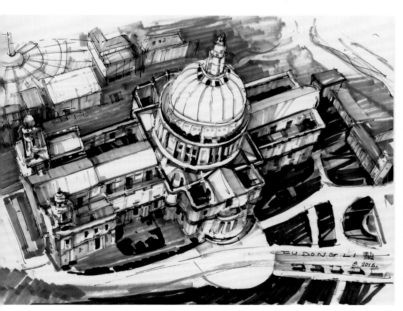

■ 图 7-32 英国建筑（钢笔、马克笔）傅东黎 2016 年

■ 图 7-33 欧洲建筑（水彩）傅东黎 2017 年

· 第八章 ·
# 建筑手绘步骤 ◀

　　步骤对初学者来讲不失是一个办法，如果缺少作画的经验，又没有步骤和章法的引领，任其自由发挥，容易手忙脚乱，因顾此失彼而使画面难以做到整体，久而久之养成不好的习惯，既影响画面效果，又耽误学习的进度，对此，强调建筑手绘步骤很有必要。一幅画从开始到结束经过布局、打形、塑造和调整四个阶段。布局是从整体出发经营画面的构图形式。构图的形式语言有多种，一幅画是否完整，画面有一个良好的开始很重要，需要引起足够的重视。布局一般采取用点或短线的定位法（见图8-1），避免钢笔直接画结构导致失误，等养成用点定位的习惯之后，再用稍长的线条，简约画出形体结构。

（a）　　　　　　　　　　　　　　　（b）

■ 图 8-1 室内
设计（钢笔、彩铅）
傅东黎 2016年

（c）　　　　　　　　　　　　　　　（d）

## 一 布局

下笔之前先环顾室内四周，概括结构和空间的基本型，找到画面的位置用点和线定位。这幅画面的骨架像汉字"做"，笔画结构由上中下和左中右6个部分构成。上层：左边是小台灯，中间是窗户，右边是墙和大台灯。中层：左边是放台灯的柜子，中间是沙发，右边是壁炉。下层：左边是桌面，中间是台阶，右边是壁炉的延伸。可以用整体的观察方法分别将这些结构的基本位置找到，再用钢笔定位（见图8-1（a））。

## 二 打形

打形是素描基本功，包括建筑结构、空间透视和形体比例。打形的准确度高低反映作画的观察方法是否正确。初学者不容易画准确，直接原因是采用了局部的观察方法，作画过程比较随意，打形如果"任性"看和"随便"画，就破坏了物体的三维空间。试想一个正方体的建筑，三维只画对了一两个，就不是原来的建筑物。想要提高准确度，必须学会上下、左右对比的方法，确定物体在三维空间中的"坐标"。

钢笔线条只是交代该室内窗、台阶、灯和壁炉等结构的轮廓线条，虽然都是靠肉眼判断物体的形体结构，但是不能面面俱到地"眉毛胡子一抓"，而是先用二维平面的手段把握结构的长宽比例，眼睛走在笔前。先画窗框、沙发、台阶和灯较大的形体，再画中等的桌面、壁炉、沙发前面的凳子，最后画细小的砖墙等（见图8-1（b）），只有画准确平面位置之后才能进行下一个环节——塑造。

## 三 塑造

俗话说"人靠衣装佛靠金装"，画面效果依靠塑造。当建筑的结构完成基本型之后，还没有经过塑造的建筑的材料、质感、色彩、体量、环境和空间在画面中无法吸引人，为了能让它生动起来，需要加强形体结构的深入塑造。

建筑的透视和空间梳理一遍，明确形体与明暗的关系，组织不同的色彩表现建筑结构和空间透视（见图8-1（c））。绘制过程中控制画面主次之间的关系，随时调整建筑结构各部分色彩的强弱效果，强化主观感受，大胆作虚实处理，把握整体效果的同时突出画面视觉中心，深入塑造该区域的结构和材质，塑造阶段时间很长，要细心观察耐心画，不能放弃任何细节的刻画。

## 四 调整

经过深入刻画细节后画面效果基本建立，但是不能省略最后的调整。塑造过程注重局部容易疏忽与画面整体的协调性，如果放松对自己的要求，不精益求精，无视调整的重要性，草率结束对画面没有好处，对建筑手绘的提高也无益处（见图8-1（d））。

一幅画到中后期需要作者扎实的素描和色彩的基本功，才能调整出高质量的画面效果。第一是敏锐的观察和特殊的感觉。一幅好的作品源自作者感受能力比较强，观察细节和品质比较具体。第二是手感和技能好。建筑的高水平手绘，要求眼睛和手的感觉比较细腻和准确，两者高度配合，即眼睛看到的形象，手能够用笔准确地表现。第三是想象力丰富。画面是否精彩体现作者的审美和审丑的能力，其中画面中主体结构的造型、色彩和虚实的处理是否满意，不管哪种线条、色调，相信大家都会画，但是线条和色调具体到表现空间、质感、意境的时候并非容易，因为绘画是视觉艺术，是抽象思维的过程。如何解决上述的这些问题？通过艺术的想象力和大胆的尝试赢得最后的效果。具体如图8-2至图8-7所示。

（a）　　　　　　　　　　　　　　　　　（b）

（c）

■ 图8-2　欧式建筑（针管笔）傅东黎 2014 年

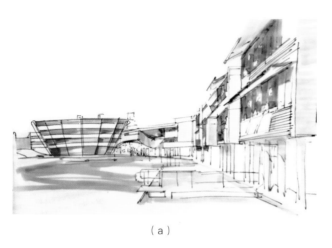

（a）

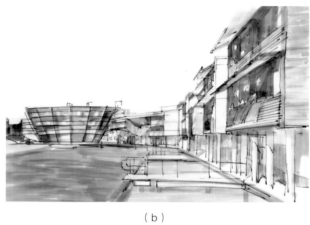

（b）

（c）

■ 图 8-3　现代建筑（钢笔、马克笔）傅东黎 2016 年

（a）　　　　　　　　　　　　　（b）

（c）

■ 图8-4　浙江大学紫金港校区（钢笔、彩铅）傅东黎2015年

（a）

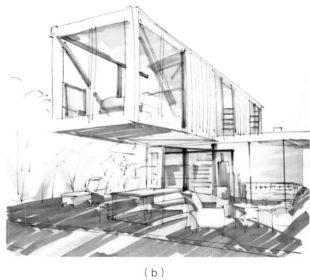

（b）

（c）

■ 图 8-5　叠式建筑（钢笔、马克笔）傅东黎 2016 年

（a）

（b）

（c）

■ 图 8-6　西班牙建筑（钢笔、彩铅、马克笔）傅东黎 2016 年

### （一）线稿

先进行构图，在白纸上大致划分区域，以一层平面图、总平面图和效果图为主，剩余空间可以布置交通流线分析图、功能分析图等进行充实（见图8-7）。铅笔宜用H-4H，避免摩擦铅笔稿导致图纸变脏。铅笔草稿完成后用针管笔墨线覆盖，为节省时间可以保留原铅笔底稿。

### （二）色调

宜选用马克笔WG1-WG3的暖色调或CG1-CG3的冷色调对平面图中的环境和分析图中的部分位置上色。在阴影和边缘部分可采用同色调更深的颜色以丰富颜色层次，但面积不宜超过浅色的面积量。排线时可借助尺子定位，并另拿纸若干保护不上色的区域。刷笔始末无停顿，一气呵成。

### （三）塑造和调整

建筑受光面上可选用较鲜艳明快的颜色，使效果图在整张图中突出。若整张图为暖色调，则应选用橄榄绿的绿植和棕色系的阴影以与之相呼应。画玻璃窗时需在窗框下沿用深色马克笔加重阴影，增加立体感。使用马克笔画时切记填涂色块，应适当留白。在平面图中，添加与效果图中绿植颜色相同的配景，树形应以简洁的线条构成，且有大小变化。草地可用彩铅退晕出渐变效果。此外，在适当位置写一些文字和图例进行解释说明。

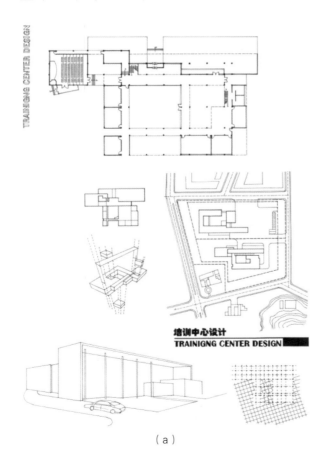

（a）

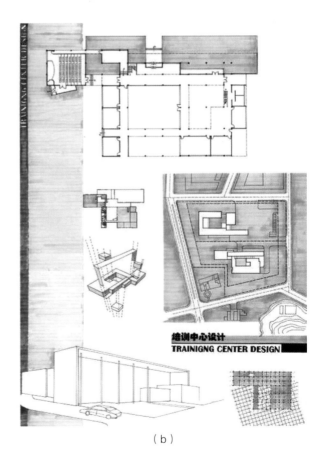

（b）

（c）

■ 图 8-7　学生设计作业（钢笔、马克笔）孙源（二年级）2017 年

# 第九章

# 建筑美术作品鉴赏 ◀

■ 图 9-1 白宫（钢笔、马克笔）傅东黎 2016 年

■ 图9-2 小庭院（铅笔）
傅东黎 2016 年

■ 图9-3 海南岛（铅笔）
傅东黎 2016 年

■ 图 9-4 遗址（铅笔）傅东黎 2012 年

■ 图 9-5 杭州洋坝头（铅笔）傅东黎 2016 年

■ 图9-6 欧式建筑（针管笔、马克笔）傅东黎 2016年

■ 图9-7 毛毛雨（铅笔）傅东黎 2013年

■ 图 9-8 西式建筑（铅笔）傅东黎 2014 年

■ 图 9-9 广场建筑（铅笔）傅东黎 2014 年

■ 图 9-10  老街（铅笔）傅东黎 2014 年

■ 图 9-11　郭庄（钢笔淡彩）傅东黎 2002 年

■ 图 9-12　上海滩（铅笔）傅东黎 2014 年

■ 图 9-13　公园（水彩）傅东黎 2015 年

■ 图 9-14　银姿（水彩）傅东黎 2017 年

■ 图 9-15　日本建筑（钢笔、马克笔）傅东黎 2016 年

　　亚洲有许多漂亮的木结构的古建筑，这幅日本古建筑是典型的平面透视，两边平整的路面夹杂中间的石板路，形成路面与建筑主体的空间透视。通过树团的明暗对比和穿插的树枝衬托主体建筑，建筑屋顶浅色的处理在密集的树色映衬下更加突出，屋檐的造型和梁柱是刻画细节的重点，利用马克笔棕色与褐色的色差进阶，用黑色强调其结构，塑造古建筑的造型之美。建筑的色彩与环境的暖绿色相呼应，保持画面的整体色彩。

■ 图9-16　现代建筑（钢笔、
马克笔）傅东黎 2016 年

■ 图9-17　建筑局部（钢笔、
彩铅）傅东黎 2016 年

■ 图 9-18 青岛教堂（钢笔、彩铅）傅东黎 2015 年

■ 图 9-19　圆明园遗址（钢笔、彩铅）傅东黎 2016 年

　　这幅画借助门柱前后的结构表现其虚实关系，建筑门柱的造型是刻画重点。深色彩铅由上至下逐渐虚化处理，门柱前面的结构与地面用彩铅简单地交代并连接到背景，用暖色给受光部分上一层淡淡的暖色，背光处用橄榄绿表现，使结构具有雕塑立体感。远处的天空用斜向的亮紫色表现，视觉上让天空逐渐推远与地平线相接，目的是让近处的门柱透视更具有体量感。

■ 图9-20 秋阳（钢笔、
马克笔）傅东黎 2014 年

■ 图9-21 Embarcadero 中
心西侧（马克笔）D·哈蒙

■ 图9-22 天鹅堡（铅笔、
马克笔）傅东黎 2016 年

■ 图9-23 京杭运河（钢笔、
马克笔）傅东黎 2015 年

■ 图9-24 上海外滩（钢笔、
马克笔）傅东黎 2016 年

■ 图 9-25 夕照（水彩）傅东黎 2017 年

■ 图 9-26 艳阳（水彩）傅东黎 2017 年

■ 图 9-27　雪齐（水彩）傅东黎 2017 年

■ 图 9-28　林间（水彩）傅东黎 2014 年

■ 图 9-29　临水建筑（水彩）傅东黎 2014 年

　　西式古建筑中的屋顶和门窗造型非常漂亮，它使建筑的立面显得非常生动。建筑的空间透视既要表现建筑复杂的造型，又要把各局部有机地连成整体，建筑结构的前后关系通过投影处理，突出空间透视的立体效果。

■ 图 9-30 落日（水彩）傅东黎 2016 年

■ 图 9-31 柳浪闻莺（水彩）傅东黎 2014 年

■ 图 9-32　现代建筑（钢笔、马克笔）傅东黎 2016 年

■ 图 9-33　那一天（水彩）傅东黎 2014 年

■ 图 9-34　现代建筑（钢笔、马克笔）傅东黎 2016 年

美工钢笔画的建筑手绘，线条的速写味道较浓；美工钢笔的笔尖的变化较其他硬笔更具表现力。这幅画为东南亚建筑手绘，强调轻重缓急的用笔，大胆又概括的用线，表现重檐的结构和透视，线条力求简洁和粗旷的韵味。

■ 图 9-35　现代建筑（钢笔、马克笔）傅东黎 2016 年

■ 图 9-36　华年（水彩）傅东黎 2015 年

■ 图 9-38　晚霞（水彩）傅东黎 2017 年

■ 图 9-37　建筑空间（水彩）傅东黎 2015 年

　　水彩建筑风景写生是建筑系色彩课的主要内容，水彩的透明度好。表现建筑色彩重点在于水彩画的质感，画面中要控制水彩的水味。初学者难以把握水分的多少，往往水多了无法塑造形体，暗部的色彩若是缺少颜色的厚度，造成明暗失衡，建筑不够立体。对此，需要像图 9-36 至图 9-38 那样作概括色彩的训练。用大笔画出两三个色块，营造建筑前后的空间感，天空和背景用浅淡的颜色虚处理。画面无须任何雕琢的细节，突出建筑水彩画的整体效果，过了这一关，再作深入塑造画面的训练（见图 9-39 至图 9-42）。

■ 图 9-39　品风（水彩）傅东黎 1995 年

■ 图 9-40　复旦江湾校区（钢笔、马克笔）傅东黎 2015 年

■ 图9-41 老别墅（水彩）
傅东黎 2014 年

■ 图9-42 木结构（水彩）
傅东黎 2013 年

148

■ 图 9-43　夏（水彩）
傅东黎 2016 年

■ 图 9-44　屋（水彩）
傅东黎 2014 年

■ 图 9-45　海边（水彩）
傅东黎 2018 年

■ 图 9-46 北山街（水彩）傅东黎 2016 年

■ 图 9-47 星期天（水彩）傅东黎 2018 年

■ 图9-48  现代建筑（钢笔、马克笔）傅东黎 2016 年

现代建筑的造型极具个性，建筑材料和施工极具挑战性。这个建筑的屋顶、立面和材料很有特色，建筑的形式美感不言而喻。为了抓住这些特点，在屋顶与天空的交界处用蓝色的马克笔处理，目的是衬托受光的屋顶造型，弧线形的檐口用深褐色盖住反光的亮棕色，表现流线型的建筑空间。

■ 图9-49  曲院风荷（水彩）
傅东黎 2014 年

西泠印社是我国著名金石篆刻家聚会之地，山上的华严经塔建于光绪三十年（1904），湖光山色簇拥下的华严经塔有一塔镇局的作用。我画这幅水彩画，并非完全按照实景，塔是写实的，周围的环境是主观加工处理的。为了表达其中秀美的环境，我在塔的四周增加了一些冷暖和干湿的色彩处理，用笔用色果断，强调色彩的主观感受和艺术表现。

■ 图9-51　西泠印社（水彩）傅东黎 2000 年

## ▶ 参考文献

1  R. 麦加里，G. 马德森 . 美国建筑画选 . 北京：中国建筑工业出版社，2010.

2  阿杰多·马哈默 . 世界建筑大师手绘图集 . 沈阳：辽宁科学技术出版社，2006.

3  傅东黎 . 建筑素描速写 . 北京：中国电力出版社，2015.

4  傅东黎 . 建筑色彩 . 北京：中国电力出版社，2016.

5  傅东黎 . 灵感与手感 . 北京：中国电力出版社，2017.

6  Gustav Luttgens. 德国城市与风景 . 柏林：Verlag der Nation，1957.

7  Hugh Ferriss. The Metropolis of TOMORROW.New York: Princeton Architectural Press,1986.